IL SISTEMA SOLARE
IL SOLE E I PIANETI

IL SISTEMA SOLARE, IL SOLE E I PIANETI

INDICE
 3 IL SISTEMA SOLARE
 5 Corpi Minori del Sistema Solare
 7 IL SOLE
10 COMETE
12 METEORITI
14 MERCURIO
16 VENERE
17 LA LUNA
21 Viaggio sulla Luna
23 LA TERRA
27 MARTE
31 FASCIA PRINCIPALE
34 • CERERE
35 • VESTA
36 • PALLADE
37 GIOVE
39 • GANIMEDE
40 • CALLISTO
41 • IO
41 • EUROPA
44 SATURNO
46 • TITANO
48 • REA
49 • GIAPETO
50 • ENCELADO
52 • FEBE
52 URANO
54 • TITANIA
55 • MIRANDA
56 • OBERON
57 NETTUNO
58 • TRITONE
59 • NEREIDE
60 PLUTONE
62 • CARONTE
63 • Satelliti più piccoli
65 PIANETI NANI OLTRE PLUTONE
65 • QUAOAR
65 • SEDNA
66 •HAUMEA
67 • ORCO
67 • ERIS
68 • MAKE MAKE
68 • GONGGONG
70 Grazie

IL SISTEMA SOLARE

Già Pitagora diceva che la Terra era una sfera in base all'osservazione dell'ombra delle eclissi; e nel III secolo a.C. Aristarco era un sostenitore del modello eliocentrico, ma il modello geocentrico (pianeti e sole in orbita attorno alla Terra) era ampiamente accettato fino a **Nicola Copernico.**
Galileo scopre che i satelliti ruotano attorno a Giove e viene accusato di eresia.
Johannes Kepler spiega matematicamente come i pianeti si muovono attorno al sole. Successivamente, Isaac Newton determinò le leggi della gravità.

Il sistema solare si è formato 4,6 miliardi di anni fa dal collasso di una nube di polvere stellare che, sotto l'influenza della gravità, formò un disco protoplanetario da cui emersero i pianeti.
Si trova nella regione del **Braccio di Orione della Via Lattea,** a 28.000

IL SISTEMA SOLARE, IL SOLE E I PIANETI

anni luce dal suo centro.

La nube primordiale da cui si formarono il Sole e i pianeti era lunga diversi anni luce e aveva già formato altre stelle di prima generazione che producevano materiali più pesanti, come i metalli.
Al centro si accumulò più massa e girò sempre più velocemente. Vicino al Sole potevano esistere allo stato solido solo i metalli perché i gas evaporarono e formarono **pianeti rocciosi**: Mercurio, Venere, Terra e Marte, che non potevano essere grandi perché questi elementi pesanti erano i più rari.
Lontano dal Sole, dove le temperature erano più basse, gli elementi leggeri possono esistere allo stato solido e, essendo i più abbondanti, hanno formato i **pianeti giganti gassosi:** Giove, Saturno, Urano e Nettuno.

Quando la pressione termica eguagliò la gravità, iniziò la fusione termonucleare dell'idrogeno, che durò 10 miliardi di anni.
Il Sole è l'unico oggetto del sistema solare che emette luce grazie alla fusione termonucleare dell'idrogeno trasformato in elio.
Misura 1.400.000 km di diametro e contiene il 99,8% della massa del sistema solare.
Il vento solare è un flusso di plasma proveniente dal Sole che attraversa il sistema solare fino ai suoi limiti nella **nube di Oort** a un anno luce dal Sole.

IL SISTEMA SOLARE, IL SOLE E I PIANETI

I pianeti e gli asteroidi ruotano attorno al sole su orbite ellittiche in senso antiorario.

• **Pianeti interni o tellurici:** Mercurio, Venere, Terra e Marte.
• **Pianeti esterni o pianeti giganti:** Giove e Saturno (giganti gassosi); Urano e Nettuno (giganti del ghiaccio). Tutti i pianeti giganti sono circondati da anelli.

I pianeti nani hanno massa sufficiente per diventare sferici a causa della gravità, ma non per attirarli o espellerli tutti gli oggetti che li circondano.

Corpi Minori del Sistema Solare:
Asteroidi, meteoriti e comete.
Corpi che, senza essere satelliti, non hanno massa sufficiente per raggiungere una forma sferica (circa 800 km di diametro).

Oltre agli **oggetti transnettuniani, Vesta e Pallade** sono i piccoli corpi più grandi del sistema solare, con un diametro di poco più di 500 km.

-Gli <u>asteroidi</u> sono corpi più piccoli situati in un'area compresa tra le

IL SISTEMA SOLARE, IL SOLE E I PIANETI

orbite di Marte e Giove. Le sue dimensioni variano tra 50 metri e 1.000 chilometri di diametro.
-Le **meteoriti** sono oggetti di diametro inferiore a 50 metri ma più grandi delle particelle di polvere cosmica. Di solito sono frammenti di comete o asteroidi.
-I **satelliti** sono corpi che orbitano attorno ai pianeti.

Fuori dall'orbita di Nettuno si trovano **la Fascia di Kuiper e la Nube di Oort,** dove sono stati scoperti pianeti nani.
Lo spazio interplanetario non è completamente vuoto, sulla superficie dei pianeti ci sono particelle di gas e polvere derivanti dall'evaporazione delle comete e dagli impatti dei meteoriti,
che a causa della loro bassa gravità non riescono a trattenere tutto il materiale dell'urto.

Ci sono anche particelle energetiche provenienti dal sole (**vento solare**). che raggiungono il limite del sistema solare (**eliopausa**), cioè 100 volte la distanza dal Sole alla Terra.

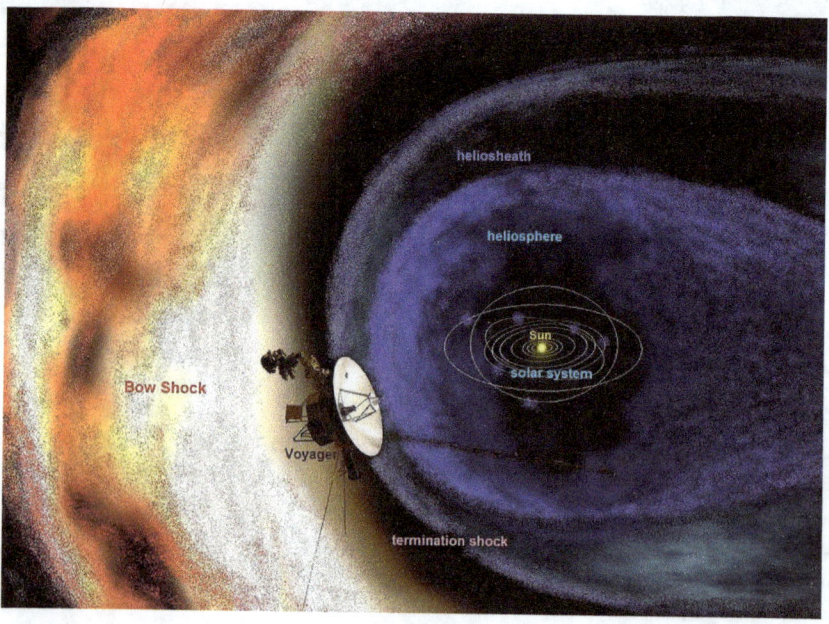

IL SISTEMA SOLARE, IL SOLE E I PIANETI

IL SOLE
Il sole è una palla di plasma che crea un gigantesco campo magnetico.
È composto per il 75% da idrogeno.
La distanza tra il Sole e la Terra è **1 unità astronomica** (150 milioni di chilometri), ovvero 400 volte la distanza della Luna, e il suo diametro è 109 volte maggiore.
Ogni 11 anni, il Sole sperimenta un ciclo di maggiore attività.
Come ogni altro oggetto nell'universo, tutta la materia che lo compone è attratta verso il centro dalla gravità, creando una propria massa.

La **temperatura** al centro del sole raggiunge i 15 milioni di gradi Celsius.

IL SISTEMA SOLARE, IL SOLE E I PIANETI

Le **macchie solari** sono aree in cui la temperatura è più bassa rispetto alle altre.

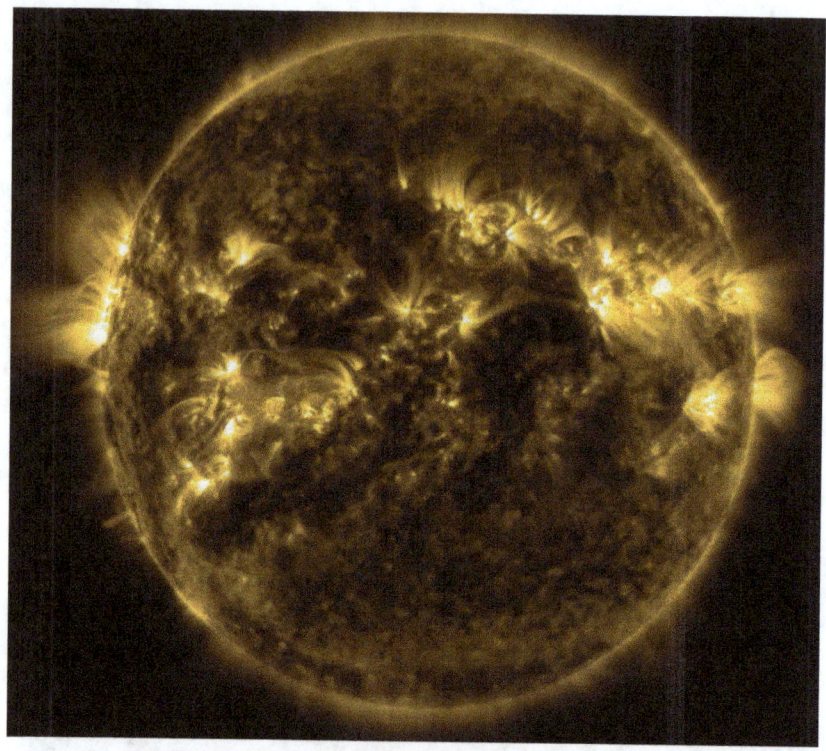

La temperatura e la pressione gravitazionale sono così elevate che la materia all'interno delle stelle raggiunge uno stato che non è né gassoso, né solido né liquido, chiamato plasma, il quarto stato della materia.

Ogni secondo il Sole converte tra 500 e 700 milioni di tonnellate di idrogeno in elio, emettendo più di 4 milioni di tonnellate di energia. Durante le reazioni di fusione si verifica una perdita di massa, il che significa che l'idrogeno consumato pesa più dell'elio prodotto. Questa differenza di massa viene convertita in energia.
La radiazione solare è stimata in 1.000 watt per m².
L'energia generata nel cuore del sole impiega un milione di anni

raggiungere la superficie del sole.
La forte gravità impedisce ai fotoni di fuoriuscire, creando **magnetismo solare (vento solare)**.

Il vento solare spinge le particelle di gas e polvere verso i bordi del sistema solare. Lì, da questi materiali si formano le comete che ritornano al sole in un ciclo infinito.

Se il Sole consumerà tutto l'idrogeno in 5 miliardi di anni, diventerà una stella gigante rossa, che diventerà circa 300 volte più grande e inizierà a bruciare elio.
Genererà quindi più energia che mai, sciogliendo i pianeti interni ed espellendo gran parte della sua massa sotto forma di nebulosa finché il sole non brucerà tutto l'elio, si raffredderà completamente e diventerà una nana bianca, una delle più dense del pianeta. universo.
Il Sole non esploderà in una supernova perché non ha massa sufficiente.
La combinazione delle dimensioni e della distanza del sole e della luna li fa apparire della stessa dimensione.

La **luce bianca del sole** è composta da 7 colori: rosso, giallo, blu, verde, indaco, arancione e viola. Quando un raggio di luce attraversa una goccia di pioggia con un angolo di 40 gradi, si divide in tutto colori che compongono il bianco. Esistono milioni di sfumature, di cui l'occhio ne percepisce solo alcune.

COMETE

Si tratta di oggetti costituiti da rocce, ghiaccio e gas come anidride carbonica e metano che orbitano attorno alle stelle.
Contengono anche composti organici, gli stessi che hanno formato la vita sulla Terra. Pertanto, alcune teorie sostengono che la vita sia nata dalla collisione di una cometa.
Ci sono più di 4.595 comete in orbita attorno al nostro sole. Anche se si stima che potrebbero esserci più di un miliardo di persone ai margini del sistema solare, nella zona chiamata nube di Oort.
-La **parte centrale o nucleo** può avere una lunghezza compresa tra 100 metri e 30 chilometri.
-I suoi **capelli o la coda** possono misurare più di 150 milioni di chilometri di lunghezza, la distanza tra la Terra e il Sole, e sono costituiti da getti di gas e polvere.

La Cometa Mc Naugth

Mentre si avvicinano al Sole, la nube circostante di particelle di gas e polveri si carica di elettricità grazie all'enorme **campo magnetico del Sole (vento solare),** crescendo sempre di più e formando i lunghi peli della cometa.

IL SISTEMA SOLARE, IL SOLE E I PIANETI

Il pelo di gas della cometa può essere visto all'orizzonte poco prima dell'alba o dopo il tramonto guardando verso il sole.

I primi dati sull'osservazione di una cometa risalgono all'anno 230 a.C. Nel 44 a.C. Nell'anno 300 aC, nello stesso giorno in cui iniziarono i festeggiamenti per la morte di **Giulio Cesare**, nel cielo sopra Roma apparve un commento luminoso che fu visibile in pieno giorno per sette giorni consecutivi.

Questo fatto fu interpretato come un segno che l'anima di Cesare era ascesa al cielo insieme agli altri dei. Suo nipote Ottavio Augusto diffuse questa idea per sostenere la sua candidatura al governo di Roma e costruì addirittura un tempio per adorare la cometa.

Nel 66 a.C. La famosa cometa di Halley è stata avvistata per la prima volta, ma non era chiaro quando sarebbe tornata.

Nel 1705, l'astronomo **Edmund Halley** stabilì che l'orbita della cometa attorno al Sole impiega 76 anni e calcolò che sarebbe ritornata nel 1758, quindi le fu dato il nome in suo onore.

La cometa di Halley, la cometa Hale-Bopp e la sonda Deep Impact entrano in collisione con il nucleo di roccia e ghiaccio di una cometa.

Nel 1811 una cometa rimase visibile ad occhio nudo per sette mesi, tra marzo e settembre. Si stima che ci vorranno quasi 4.000 anni raggiungere la sua orbita.

IL SISTEMA SOLARE, IL SOLE E I PIANETI

La maggior parte delle comete impiega solitamente dai 20 ai 200 anni per ritornare, ma alcune impiegano migliaia di anni e altre, come la **cometa Encke**, ritornano al Sole ogni tre anni. Tuttavia, poiché ha perso quasi tutto il suo gas, non è più visibile. Occhio nudo.
Ogni volta che una cometa passa vicino al Sole perde parte del gas contenuto nella sua coda. Dopo circa 2.000 orbite, rimane senza gas e diventa un asteroide.
Nel 1910, la coda della cometa di Halley misurava 30 milioni di chilometri, ovvero un quinto della distanza Terra-Sole.
Quando la Terra attraversa la stessa zona di spazio dove è già passata una cometa, i piccoli frammenti che questa si è staccata dalla coda vengono attratti dalla gravità terrestre e cadono sotto forma di stelle cadenti.

METEORITI

Quelle che chiamiamo stelle cadenti sono in realtà rocce di diverse dimensioni attratte dalla gravità e chiamate meteoriti.

Quando la roccia cade ad alta velocità, si verifica l'attrito con l'atmosfera
Gli fa raggiungere una temperatura così elevata da brillare nel cielo per alcuni secondi come se fosse una stella.

Già il greco **Anassagora** pensava che i meteoriti fossero oggetti provenienti dal sole e pietre ardenti.
All'inizio del 19° secolo, **Chladni** fu il primo scienziato ad accettare la sua origine extraterrestre.

IL SISTEMA SOLARE, IL SOLE E I PIANETI

Si stima che siano presenti più di 10.000 meteoriti, non più grandi di un metro e mezzo calcio, cadono sulla superficie terrestre ogni anno. Prima di toccare il suolo, la maggior parte si decompone in particelle più piccole di granelli di sabbia. Tuttavia, i meteoriti più grandi possono schiantarsi sulla superficie e formare enormi crateri da impatto.

I meteoriti viaggiano contro l'atmosfera e raggiungono temperature superiori a 2.000 gradi Celsius.

I meteoriti silicati rappresentano quasi il 90% del totale, alcuni provenienti dalle zone più remote del sistema solare; altri provengono dagli impatti di meteoriti su Marte e sulla Luna; quelli metallici sono inferiori al 10%.

•**Le meteoriti metalliche** (ferro e nichel) fondono più facilmente di quelle rocciose perché sono buoni conduttori di calore, sebbene possano raggiungere la superficie terrestre senza rompersi in milioni di pezzi.

•**Le meteoriti rocciose** si frantumano in frammenti sempre più piccoli fino a disintegrarsi completamente prima di raggiungere il suolo, formando raggi di luce, simili a fuochi d'artificio.

Solo quelli che misurano diversi chilometri possono resistere all'attrito dell'atmosfera e alle alte temperature.

•Il **meteorite ALH 84001** proviene da Marte e ha 4,5 miliardi di anni. La collisione di un meteorite contro la superficie marziana strappò dal

IL SISTEMA SOLARE, IL SOLE E I PIANETI

pianeta questa roccia, che superò la gravità di Marte e raggiunse la Terra, dopo aver viaggiato nello spazio per migliaia di anni.

• Il **meteorite** più grande ritrovato è **Hoba**, del peso di 66.000 kg. Fu scoperto nel deserto della Namibia nel 1920 e si ritiene che sia caduto sulla Terra più di 80.000 anni fa.

Il Meteorite Hoba

• Uno di questi meteoriti cadde 65 milioni di anni fa in quella che oggi è la **penisola dello Yucatan** in Messico, formando un enorme cratere e sollevando una nuvola di polvere e cenere così grande da coprire la terra per anni.

MERCURIO

I Sumeri lo osservavano 3000 anni prima di Cristo.
I Babilonesi lo chiamavano il messaggero degli dei, così come la Grecia e Roma, che lo identificavano con il **dio Hermes/Mercurio.**
Mercurio è visibile solo per un breve periodo all'alba e al tramonto.
È il pianeta più piccolo del sistema solare e il più vicino al sole.

È fatto di roccia e non ha atmosfera né satelliti.

IL SISTEMA SOLARE, IL SOLE E I PIANETI

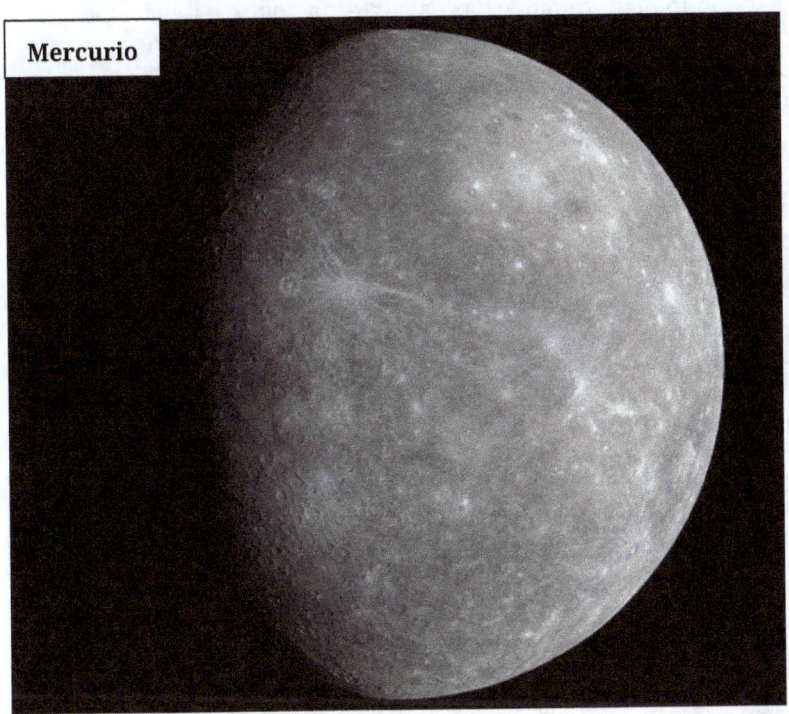
Mercurio

Un giorno su Mercurio dura 58 giorni terrestri. Ci vogliono 88 giorni per completare una rivoluzione attorno al sole.
Le temperature variano tra i 350 gradi Celsius durante il giorno e i -170 gradi Celsius durante la notte. È stato trovato ghiaccio sul fondo di alcuni crateri.
Proprio come sulla Terra, c'è un campo magnetico.
Curiosamente, sorge e tramonta due volte durante questa lunga giornata di 58 giorni terrestri.
Il sole sorge e sembra rimanere fermo nel cielo mentre si muove nella direzione opposta.

VENERE
Prende il nome dalla **dea romana dell'amore (Venere/Afrodite)**.
È l'oggetto più luminoso nel cielo notturno dopo la luna.

IL SISTEMA SOLARE, IL SOLE E I PIANETI

Può essere osservato tre ore prima dell'alba o tre ore dopo il tramonto. È il secondo pianeta più vicino al sistema solare e il terzo per dimensioni dopo Marte e Mercurio. Non ha satelliti e il suo campo magnetico è molto debole.
È un pianeta roccioso e ha una delle orbite più sferiche.
Le temperature raggiungono i 460 gradi Celsius, molto di più che su Mercurio e, a causa della fitta coltre nuvolosa, ci sono poche sbalzi termici.

Rilievo superficiale di Venere mappato tramite radar

La pressione atmosferica è 90 volte maggiore di quella terrestre (equivalente alla pressione a 1.000 metri di profondità nell'oceano). La sua **atmosfera** è molto densa ed è composta per oltre il 90% da anidride carbonica (CO_2) e azoto. A causa di questa alta densità,

i meteoriti più piccoli di 3 km² non raggiungono la superficie e si disintegrano completamente.
Le nubi sono composte da anidride solforosa e acido solforico e nelle zone più alte dell'atmosfera generano venti con velocità fino a 350 km/h, più devastanti che sulla Terra.

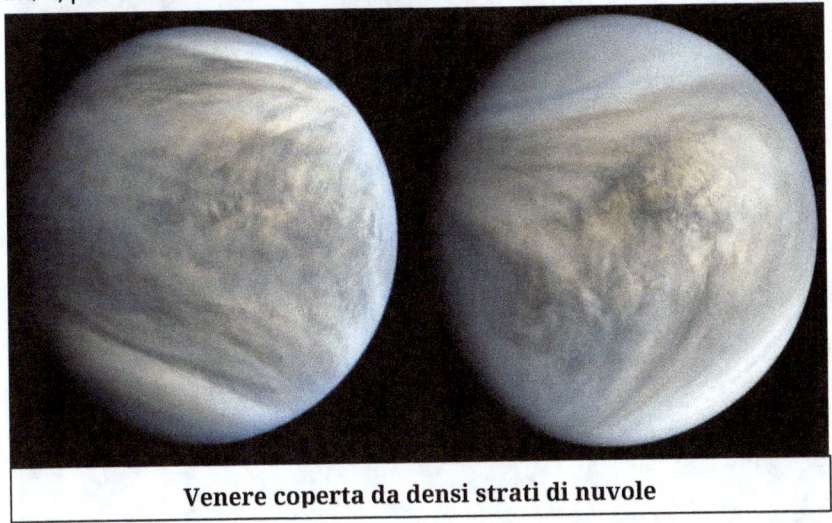

Venere coperta da densi strati di nuvole

Un giorno su Venere equivale a 243 giorni sulla Terra. Inoltre il pianeta ruota in senso contrario alla Terra, cioè da ovest verso est, per cui il sole sorge a ovest e tramonta a est.
Il pianeta è coperto da due vasti altipiani separati da una pianura.

LA LUNA

Nell'antica Grecia, **Anassagora** credeva che il Sole e la Luna fossero due
oggetti sferici giganti e che la luce della Luna rifletteva la luce del Sole. Nel 1609 **Galileo** osservò i crateri della Luna.
Si ritiene che un oggetto delle dimensioni di Marte si sia scontrato con la Terra e dai suoi resti si sia formata la Luna.
È il quinto satellite del sistema solare, il suo diametro è 3474,8 km, ovvero 1/5 del diametro della Terra.

La Luna ruota attorno alla Terra a più di 3.600 km orari e, poiché la sua orbita non è esattamente circolare, la distanza più vicina alla

Terra è di 363.000 km e quella più lontana dalla Terra è di 405.000 km.
La distanza media tra la Terra e la Luna è di 384.000 km.

Nel 400 a.C. **Ipparco** calcolò con grande precisione la distanza tra la Terra e la Luna.
La massa della Terra è 80 volte quella della Luna, quindi la gravità sulla Luna è 6 volte inferiore a quella della Terra.
Su Marte la gravità è la metà di quella terrestre, quindi a un astronauta che pesa 100 kg sulla Terra peserà 16,6 kg sulla Luna e 50 kg su Marte.

IL SISTEMA SOLARE, IL SOLE E I PIANETI

Sulla Luna un astronauta può saltare fino a 2,5 metri di altezza.

Un giorno sulla Luna equivale a quasi 30 giorni sulla Terra. Una notte sulla Luna equivale a quasi 30 notti sulla Terra.
Poiché la rotazione sul proprio asse impiega lo stesso tempo necessario per completare una rotazione completa in senso antiorario attorno alla Terra, è sempre rivolta verso lo stesso lato o emisfero e può vedere fino al 60% della sua superficie.
Il sole illumina sempre metà della Luna.

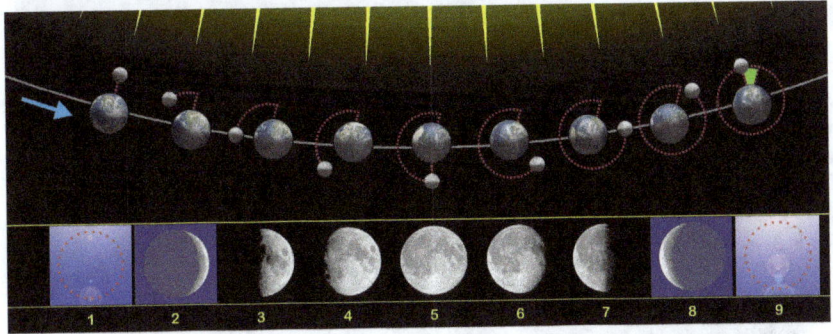

Sappiamo che la Luna si allontana dalla Terra di 4 centimetri all'anno, il che aumenta gradualmente la durata dei giorni sulla Terra, cioè riduce la velocità di rotazione terrestre.

-**Le eclissi lunari** si verificano quando la Terra si frappone tra il sole e la luna, proiettando la propria ombra che oscura la luna.
Il diametro del Sole è 400 volte più grande di quello della Luna, ma è 400 volte più lontano della Luna, quindi la differenza di dimensioni viene compensata.

La Luna non ha campo magnetico né atmosfera, causando grandi fluttuazioni di temperatura tra il giorno e la notte, che raggiungono i 120 gradi Celsius durante il giorno e -230 gradi Celsius durante la notte.
La temperatura media è di 100 gradi Celsius durante il giorno; e di notte ci sono -153 gradi Celsius.
Poiché non c'è atmosfera, non c'è vento e la sua superficie non si erode.

IL SISTEMA SOLARE, IL SOLE E I PIANETI

Possiamo vedere i crateri formati dagli impatti degli asteroidi come erano quando caddero 3 miliardi di anni fa.
Si ritiene che molto prima ci fosse stata un'intensa attività geologica, con numerose eruzioni vulcaniche che formarono superfici pianeggianti chiamate mari.

Nei crateri polari sono stati rinvenuti più di 300 milioni di tonnellate di ghiaccio perché la luce solare non raggiunge mai l'interno e la temperatura è sempre intorno ai -240 gradi Celsius. Anche gli impatti delle comete o il vento solare possono creare acqua sotto la superficie lunare.
Nel 2013, un meteorite di 1,4 metri di diametro e del peso di 400 kg si è schiantato nel cosiddetto mare di nuvole.

Viaggio sulla Luna
Le missioni Apollo impiegarono tre giorni per raggiungere la Luna.

IL SISTEMA SOLARE, IL SOLE E I PIANETI

Quando i primi astronauti raggiunsero la superficie, la temperatura era di 130 gradi Celsius.
Erano protetti da tute spesse che pesavano più di 130 kg e avevano 14 strati di isolamento.

Lancio dell'Apollo XI

Nel 1969 l'**Apollo 11** fece sbarcare i primi esseri umani sulla Luna.
Il computer della missione Apollo 11 che controllava il modulo di comando aveva solo 4 kilobyte di RAM e 32 kilobyte di ROM, meno spazio di archiviazione di qualsiasi vecchio telefono prima degli smartphone.

L'ultima missione umana sulla Luna fu l'**Apollo 17** nel 1972.

La **missione Apollo 14** trasportava 500 semi di pini, abeti e fichi e sequoie alla Luna, e furono esposti direttamente alla luce solare, per vedere quali effetti producevano su di essi i raggi cosmici.

Successivamente furono portati sulla Terra e piantati in vari luoghi, dove germogliarono più di 400 semi, chiamati gli alberi della Luna.

Nel 2019, la missione cinese **Chang'e 4** ha portato sulla Luna semi di cotone, colza e patate, che sono riusciti a germogliare per alcuni giorni.

La **missione Artemis** visiterà la Luna tra il 2022 e il 2028.

IL SISTEMA SOLARE, IL SOLE E I PIANETI

Veicolo lunare Apollo 15 (Rover)

Il Sole che illumina la superficie della Luna

IL SISTEMA SOLARE, IL SOLE E I PIANETI

LA TERRA

La Terra ruota attorno al proprio asse alla velocità di 1.600 km/h (movimento rotatorio) e si muove attorno al Sole alla velocità di 107.000 km/h (movimento traslatorio). In una rivoluzione attorno al sole, percorre 930 milioni di chilometri.
La Terra non è completamente rotonda perché all'equatore è 43 km più larga che ai poli.
La luce solare impiega 8 minuti e 17 secondi per raggiungere la Terra.

Il continente africano visto dallo spazio

-La Terra ha un **campo magnetico** che la protegge dai raggi cosmici o dalle particelle ad alta energia che riescono a passare attraverso

IL SISTEMA SOLARE, IL SOLE E I PIANETI

l'**eliosfera**.
Il polo nord magnetico della Terra non si trova esattamente nel suo centro geografico, ma a circa 1.600 chilometri di distanza.
-L'**attrazione gravitazionale** della Luna attrae tutto sulla Terra. Oggetti molto grandi, come gli specchi d'acqua, sono influenzati da questa attrazione e creano fluttuazioni di livello, chiamate **maree**.
In uno specchio d'acqua più piccolo, come un lago, ci sono le maree, ma sono così piccole che non sono visibili ad occhio nudo.
Nel Mediterraneo, ad esempio, possono estendersi fino a 30 centimetri tra l'alta e la bassa marea.
La gravità della Luna influenza anche la **rotazione della Terra.**
4 miliardi di anni fa, la Luna era a 22.000 km dalla Terra e il nostro pianeta ruotava molto velocemente.
1,4 miliardi di anni fa, un giorno durava 18 ore.
Da allora, la Luna si è progressivamente allontanata dalla Terra, il che le ha fatto ruotare più lentamente, allungando così le giornate.
Quando la Luna si sposterà abbastanza lontano, tra diversi milioni di anni, la gravità che eserciterà sarà così debole che l'asse terrestre cambierà posizione e ruoterà attorno alla zona equatoriale, proprio come fa Urano.

-**Le temperature sulla superficie terrestre** variano tra 57 e -90 gradi Celsius, con venti che superano i 200 km/h.

IL SISTEMA SOLARE, IL SOLE E I PIANETI

-La differenza di temperatura tra le masse d'aria crea venti.
L'aria calda pesa meno e sale; L'aria fredda pesa di più e affonda.
-Gli **uragani** si formano vicino all'equatore e si muovono da est a ovest, nella stessa direzione della rotazione terrestre, attraversando gli oceani.
-Masse di aria molto fredda formano piccoli cristalli di ghiaccio carichi elettricamente e quando raggiungono un certo livello si verificano **scariche elettriche o fulmini.**
La maggior parte dei fulmini si verificano tra le nuvole e non raggiungono il suolo.

-Il **fulmine** ha una carica elettrica di 15 milioni di volt.
Il flusso di corrente raggiunge i 200.000 ampere.
La temperatura raggiunge i 30.000 gradi Celsius. La lunghezza dei raggi varia da 1,5 a 12 km e si muovono nell'aria ad una velocità di oltre 200.000 km orari.
Ogni giorno sulla Terra si formano più di 2.000 tempeste.
-In Venezuela, alla foce del fiume Catatumbo, nella regione del lago Maracaibo, i temporali si verificano tutte le notti tra aprile e novembre.
Il fenomeno si verifica da 200 anni e rappresenta oltre il 10% dell'ozono terrestre.

IL SISTEMA SOLARE, IL SOLE E I PIANETI

-**La temperatura all'interno della terra** è compresa tra 3.500 e 5.200 gradi Celsius e la pressione è 3,5 milioni di volte quella del livello del mare.

Sotto la crosta terrestre c'è il **mantello**.

•La sua parte superiore è realizzata con materiali solidi che possono allungarsi e contrarsi senza rompersi.

•La sua parte inferiore è formata da rocce fuse e materiali liquidi che generano colate di magma a causa delle differenze di temperatura e densità:

•I materiali più caldi sono meno densi, pesano meno e salgono.
•I materiali più freddi sono più densi, pesano di più e affondano.

Man mano che questi flussi di **magma** salgono verso la crosta, la rompono e formano placche attraverso le quali fuoriescono calore, roccia fusa e gas come l'anidride carbonica.

Il magma raggiunge una temperatura di 1.200 gradi Celsius (2.100 gradi Fahrenheit) e può formare un cono vulcanico.

La maggior parte delle isole si sono formate sul fondale marino da materiale espulso dai vulcani sottomarini.

Eruzione del vulcano Kilauea (Hawaii) sotto la Via Lattea

-Le placche tettoniche scivolano continuamente o accumulano tensione fino a raggiungere un livello al quale avviene lo scivolamento, provocando un terremoto.

Ogni anno si verificano più di 500.000 **terremoti**.

MARTE

È il pianeta roccioso più lontano dal Sole ed è grande la metà della Terra.
Il suo nome deriva dal **dio greco-romano della guerra Marte/Ares.**
-Ha un'**atmosfera** molto sottile con una pressione 100 volte inferiore a quella terrestre, composta per il 95% da anidride carbonica, azoto e argon.
-Ha un nucleo composto da ferro, nichel e zolfo, meno denso del nucleo terrestre e la cui gravità è del 40%.

IL SISTEMA SOLARE, IL SOLE E I PIANETI

-L'inclinazione del suo asse di rotazione è simile a quella dell'asse terrestre, quindi anche Marte ha delle stagioni.
Marte impiega 687 giorni per orbitare attorno al sole.
Una giornata su Marte dura 24 ore e 39 minuti.
Un anno su Marte equivale a 1 anno e 10 mesi sulla Terra.

Tramonto su Marte

-Il pianeta ha la montagna più alta del sistema solare, il Monte Olimpo, che misura 25 chilometri di altezza, 600 chilometri di larghezza e un altopiano che si estende su oltre il 40% della superficie del pianeta.
-La grande gola chiamata Valle Marineris ha una lunghezza di 3000 km, una larghezza di 600 km ed una profondità di 8 km.
-3/4 di Marte sono ricoperti di rocce rosse.

IL SISTEMA SOLARE, IL SOLE E I PIANETI

Il **Rover Opportunity** ha esplorato la superficie dei **crateri Endurance e Victoria**. È stato attivo tra il 2004 e il 2018. Quando le comunicazioni si sono interrotte, il veicolo ha percorso più di 42 km dal suolo marziano.

Cratere Endurance fotografato da Opportunity

-La temperatura media è di -55° gradi Celsius.
Le temperature minime ai poli possono scendere fino a -130 gradi Celsius.
Le temperature massime giornaliere all'equatore possono superare i 20 gradi Celsius. mentre le basse temperature notturne possono raggiungere i -80 gradi Celsius.

IL SISTEMA SOLARE, IL SOLE E I PIANETI

C'era un oceano che copriva due terzi del pianeta per 1,5 miliardi di anni.

-Quando il **campo magnetico** di Marte scomparve 4 miliardi di anni fa, l'atmosfera fuggì nello spazio, causando
che la pressione e la temperatura del pianeta diminuirebbero e che l'acqua scomparirebbe dalla superficie.

-A una **pressione atmosferica** così bassa, passa il vapore acqueo dallo stato gassoso allo stato solido sotto forma di ghiaccio alla temperatura di -80 gradi Celsius.

•Ai poli c'è uno strato permanente di ghiaccio di CO_2 e ghiaccio d'acqua lungo circa 100 km e alto 10 metri.

Nuvole di vapore acqueo su Marte

IL SISTEMA SOLARE, IL SOLE E I PIANETI

I **venti** possono raggiungere velocità superiori a 150 km/h e formare estesi sistemi di dune sulla superficie.
Le tempeste di sabbia possono durare mesi e diffondersi in tutto il pianeta.

Ghiaccio su uno dei poli

Ci sono **nuvole bianche** fatte di vapore acqueo o anidride carbonica e nuvole gialle fatte di microscopiche particelle di sabbia che danno al cielo una tinta rosata.
In inverno il vapore acqueo forma nuvole di cristalli di ghiaccio e ghiaccio secco.
-Marte ha due piccoli **satelliti** chiamati Phobos e Deimos, le cui orbite sono molto vicine al pianeta. Provengono dalla Fascia Principale e sono stati catturati dalla gravità marziana.
Deimos è il più piccolo e il più lontano da Phobos, il più grande e il più vicino.
Poiché occorrono meno di 24 ore per compiere una rivoluzione completa attorno a Marte, Deimos sorge e tramonta nel cielo due volte al giorno.

Dimensioni comparative dei quattro pianeti rocciosi: Mercurio, Venere, Terra e Marte.

FASCIA PRINCIPALE
Si trova tra le orbite di Marte e Giove, a una distanza compresa tra 2 e 4 unità astronomiche dal Sole.
È composto da più di 500.000 asteroidi con diametri maggiori a 1,5

IL SISTEMA SOLARE, IL SOLE E I PIANETI

km, e 1.000 asteroidi con diametro superiore a 15 km, nonché enormi fasce di polvere cosmica di dimensioni microscopiche, ampiamente separate tra loro.
Ruotano nella stessa direzione dei pianeti attorno al sole e impiegano dai 3 ai 5 mesi, o anche 6 anni, per completare una rivoluzione completa attorno al sole.

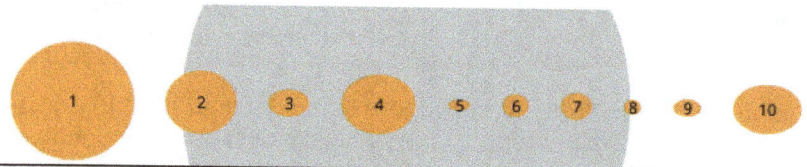

Luna (in grigio) 1 Cerere 2 Pallade 3 Giunone 4 Vesta 5 Astraea 6 Ebe 7 Iris 8 Flora 9 Metis 10 Igea

Cerere (939 km) Vesta (525 km) Pallade (512 km) Igea (434 km)

Gli asteroidi di medie dimensioni distano 5 milioni di chilometri l'uno dall'altro, quindi le collisioni avvengono a distanza di centinaia di migliaia di anni.
Ogni 10 milioni di anni avviene la collisione di un asteroide.
i cui raggi sono maggiori di 10 km. Questa collisione porta alla formazione di asteroidi più piccoli quando la velocità è elevata; oppure all'unione dei due asteroidi in uno solo, quando la velocità è molto bassa, il che è raro.
Gli oggetti più grandi nella Fascia Principale sono **Cerere**, a 950 km, seguito da **Pallade** e **Vesta**, a metà di quella dimensione.
La fascia principale degli asteroidi si è formata 4,5 miliardi di anni fa, contemporaneamente ai pianeti del sistema solare.

IL SISTEMA SOLARE, IL SOLE E I PIANETI

Vesta, Cerere e la Luna

In questa fase iniziale della formazione del sistema solare, questi asteroidi non erano in grado di formare un pianeta perché erano influenzati dall'attrazione gravitazionale di Giove.
• Alcuni asteroidi acceleravano così tanto nella loro traiettoria che quando entravano in collisione con altri ad alta velocità, la gravità non riusciva a unirli e si dividevano in frammenti sempre più piccoli.
• Altri asteroidi hanno esteso così tanto la loro orbita intorno al sole da scontrarsi con esso o essere gettati nella **nube di Oort,** ai margini del sistema solare.
• Meno dell'1% dei protoasteroidi non ha subito grandi collisioni e ha mantenuto la sua forma originale.

Gli asteroidi più lontani dal Sole trattengono acqua, rappresentando il 75% del totale.
Ci sono asteroidi fatti di ferro, nichel e persino platino.
Un terzo degli asteroidi orbitano attorno al Sole, raggruppandosi insieme ad altri e formando famiglie. Provengono dallo stesso asteroide che si è scontrato con un altro.

CERERE

È l'oggetto più grande della fascia principale degli asteroidi ed è considerato un pianeta nano, uno dei pianeti o protopianeti più antichi. Si è formato 4,5 miliardi di anni fa, con Vesta e Pallade.

Fu scoperto nel 1801 e prese il nome dalla dea romana dell'agricoltura.

Misura 945 km di diametro e ha una massa tale che la gravità gli ha dato una forma arrotondata.
Una giornata su Cerere dura 9 ore e impiega 4 anni e 6 mesi per orbitare attorno al sole.
Il suo asse di rotazione è inclinato meno di 4 gradi, quindi le regioni polari sono sempre esposte al sole.
È roccioso e la sua superficie è ricoperta di ghiaccio. Si ritiene che

IL SISTEMA SOLARE, IL SOLE E I PIANETI

esista acqua liquida a grandi profondità e che alcuni crateri emettano una densa salamoia.

Il pianeta è pieno di crateri larghi tra i 20 e i 100 chilometri che contengono una grande quantità di ghiaccio. Il cratere più grande è largo 280 km.

Cratere Occatore

Ha un'atmosfera molto leggera di vapore acqueo prodotta dalla sublimazione del ghiaccio superficiale.
Cerere ha catturato alcuni asteroidi per lunghi periodi ma non ha abbandonato la sua orbita, che condivide con migliaia di asteroidi.

-**Velocità di fuga di Cerere:** 0,51 km/s; 1836 chilometri orari.
-**Velocità di fuga dalla Luna:** 8640 km orari.
-**Velocità di fuga dalla Terra:** 40.280 km orari.
La velocità di fuga è la velocità necessaria affinché un oggetto possa sfuggire all'influenza del campo gravitazionale di un altro oggetto, ad esempio la velocità necessaria affinché un frammento di roccia dopo l'impatto di un asteroide possa sfuggire alla gravità di un pianeta e proseguire il suo viaggio. viaggiare attraverso lo spazio.

VESTA

Asteroide di 530 chilometri di diametro con nucleo di ferro-nichel e superficie di basalto. Fu scoperto nel 1807 e prese il nome onora la **dea della casa.** La sua orbita è più vicina al Sole di quella di Cerere.

Ruota sul proprio asse in poco più di 5 ore e impiega 3 anni e 6 mesi compiere una rivoluzione completa attorno al sole.
Le temperature sulla sua superficie variano tra -20 e -130 gradi Celsius.

Per un breve periodo ebbe attività geologica.
In uno dei suoi poli si trova un cratere di 460 km di diametro, alto tra 4.000 e 12.000 metri e profondo 13 km.
È stato causato dall'impatto di un altro oggetto circa un miliardo di anni fa.
Altri due grandi crateri da impatto sono larghi più di 150 chilometri e profondi 7 chilometri.

PALLADE

Fu scoperto in onore di Cerere, nel 1802, e prese il nome da **Pallade Atena, la dea della Saggezza.**
Pallade ha un diametro di 545 km, il che la rende simile per dimensioni a Vesta ma meno densa.
Una giornata a Pallade dura quasi 8 ore.
Il suo asse di rotazione ha un'inclinazione di oltre 60°, per cui la luce

IL SISTEMA SOLARE, IL SOLE E I PIANETI

solare lo raggiunge in modo molto irregolare sia in inverno che in estate.

Vesta e Cerere in orbita attorno alla Fascia Principale

GIOVE

È il pianeta più grande del sistema solare, 318 volte più grande della Terra.
Si trova oltre Marte ed è il quinto più grande per la sua distanza dal Sole. Deve il suo nome al **dio Giove/Zeus, padre della Dei dell'Olimpo.**
È uno dei pianeti gassosi ed è costituito da idrogeno ed elio.
Nubi dense coprono l'intero pianeta e i venti soffiano tra i 350 ei 500 km/h.
Una giornata su Giove dura 10 ore terrestri.

Le nuvole sono costituite da cristalli di ammoniaca e vapore acqueo. L'elevata pressione della sua atmosfera fa sì che l'idrogeno si trasformi in un liquido e poi in un solido. Negli strati inferiori contengono un grande nucleo di ghiaccio che è tra 7 e 18 volte la dimensione della Terra.

Ha il **campo magnetico** più forte dell'intero sistema solare.
Su Giove possono piovere diamanti a causa dell'altissima pressione della sua atmosfera. Sono realizzati in carbonio e scendono dagli strati superiori a quelli inferiori.
-Giove ha 67 satelliti. Nel 1610 **Galileo** poté osservare i suoi satelliti più grandi: il vulcanico Io, la ghiacciata Europa, il gigante Ganimede, il più grande satellite del sistema solare, e Callisto, simile alla nostra luna.

GANIMEDE

Con un diametro di 5.200 km, è il satellite più grande di Giove e uno dei quattro scoperti da **Galileo** nel 1610. Prende il nome in onore del **servitore di Giove, Zeus, che era uno dei suoi amanti.**

IL SISTEMA SOLARE, IL SOLE E I PIANETI

Ganimede

È due volte più grande della nostra Luna.
Un giorno su Ganimede equivale a 7 giorni sulla Terra. Ciò corrisponde anche al tempo necessario per compiere una rivoluzione attorno a Giove, quindi mostra sempre lo stesso lato del pianeta, proprio come la nostra Luna.
Ha un'atmosfera molto sottile con piccole quantità di ossigeno e idrogeno e un debole campo magnetico.
È costituito da un nucleo di ferro e silicio. La sua superficie è ricca di crateri di diverse dimensioni e ricoperta da uno spesso strato di ghiaccio.
Come sulla Terra, lo strato esterno, o crosta, è diviso in placche tettoniche che formavano le montagne milioni di anni fa. Non mostra

più alcuna attività geologica.
Sotto la sua superficie si trova un vasto oceano di acqua liquida e salata, il cui volume è maggiore di quello della Terra.

CALLISTO

È uno dei quattro grandi satelliti scoperti da Galileo, il secondo più grande di Giove e simile per dimensioni a Mercurio.
Il nome della **ninfa, amante di Giove/Zeus.**

Galileo fu il primo ad osservare i 4 grandi satelliti di Giove

La sua orbita è quella più lontana dei 4 satelliti più grandi, e mostra sempre la stessa faccia a Giove, proprio come la Luna mostra alla Terra.
Un giorno su Callisto equivale a 17 giorni sulla Terra ed è anche il tempo necessario per fare una rivoluzione completa attorno a Giove, quindi ha sempre la stessa faccia o emisfero.
Satellite roccioso con molti crateri inattivi, atmosfera leggera di anidride carbonica e un forte campo magnetico.
A 150 chilometri di profondità c'è un oceano di acqua ghiacciata spesso 200 chilometri.
È noto che il punto di fusione del ghiaccio diminuisce all'aumentare della pressione, raggiungendo i -22 gradi Celsius alla pressione di

IL SISTEMA SOLARE, IL SOLE E I PIANETI

2.070 bar.
La superficie piatta è piena di crateri di diverse dimensioni causati dagli impatti di meteoriti. Callisto ha il maggior numero di crateri dell'intero sistema solare.

IO

È il terzo satellite più grande di Giove e il più vicino scoperto da **Galileo**.

È un pianeta roccioso con montagne più alte di quelle della Terra.
Secondo la mitologia greca, era una **ninfa che amava Giove/Zeus.**

È il pianeta del sistema solare con il maggior numero di vulcani attivi, più di 400.

Durante le eruzioni sono state osservate nubi attratte da Giove che raggiungono più di 500 km di altezza.

In superficie si trovano laghi di zolfo liquido.

EUROPA

È il più piccolo dei quattro satelliti scoperti da **Galileo**.
Le sue dimensioni sono leggermente più piccole di quelle della Luna.
Europa è la **madre del re Minosse di Creta e amante di Giove/Zeus.**
La sua atmosfera è ricca di ossigeno ma molto rarefatta, anche se leggermente più densa di quella di Marte.
Le temperature variano tra -160 e -220 gradi Celsius.
Il suo interno è realizzato in ferro e nichel. A una profondità di 25 km, uno spesso strato di ghiaccio circonda il pianeta. Ad una profondità di 150 km c'è un oceano di acqua salata.
Questo satellite, insieme a Encelado (Saturno), è uno dei maggiori candidati per la presenza di vita microbica all'interno del Sistema Solare.

IL SISTEMA SOLARE, IL SOLE E I PIANETI

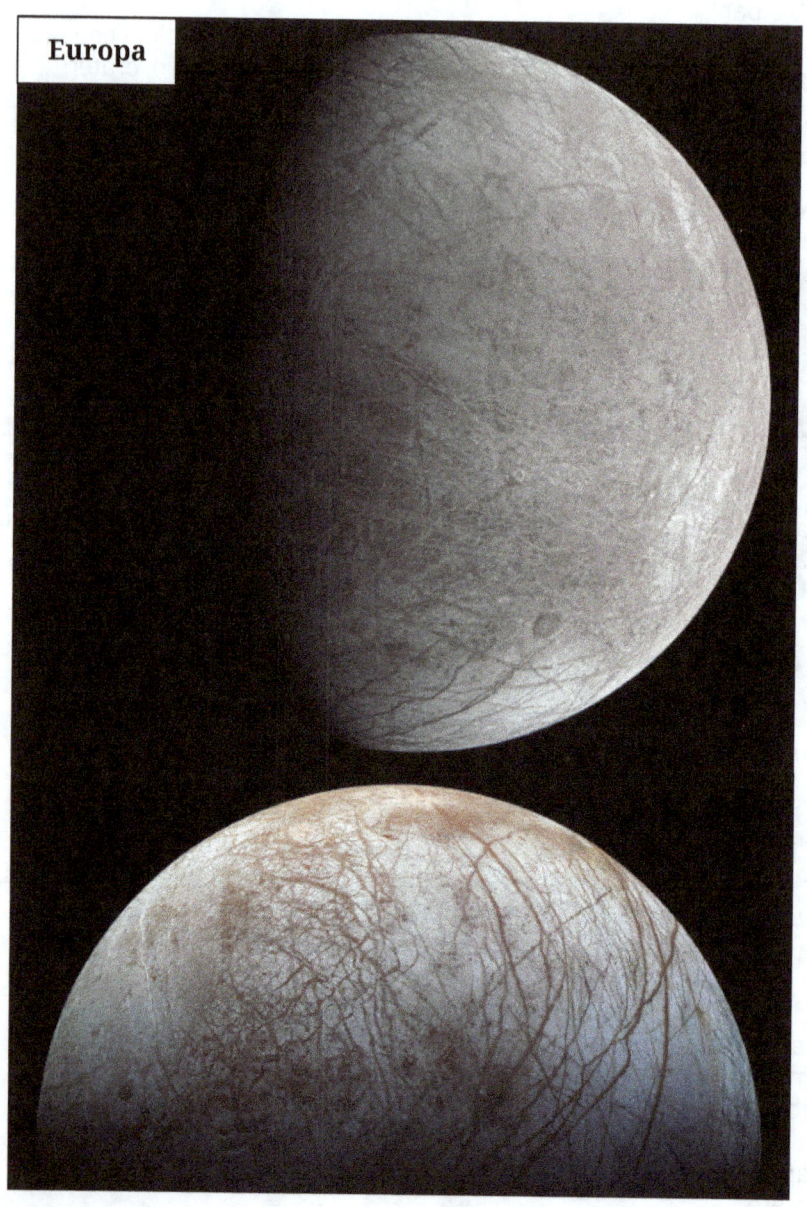

Europa

IL SISTEMA SOLARE, IL SOLE E I PIANETI

Confronto delle dimensioni del Sole, Giove, Terra e Luna

I quattro satelliti galileiani

SATURNO

Pianeta gassoso il cui nome deriva dal dio greco-romano Saturno/Crono, figlio di Urano e Gaia e padre di Giove/Zeus.
È 96 volte più grande della Terra. La sua atmosfera è composta da idrogeno ed elio.
Una giornata dura poco più di 10 ore. Ci vogliono quasi 30 anni affinché il pianeta completi una rivoluzione completa attorno al Sole. A causa dell'elevata pressione e delle temperature molto elevate, vicine a quelle del Sole, questi gas si trovano allo stato liquido.
I temporali possono durare più di sette mesi e i fulmini hanno tensioni di milioni di gradi.
Il **campo magnetico** è molto più debole di quello di Giove.

Saturno è circondato da un'immensa cintura. Sebbene **Galileo** sia stato il primo a osservare Saturno con un telescopio, fu **Christiaan Huygens** che riuscì a vederne chiaramente gli anelli nel 1659.

Il pianeta è circondato da 1.000 anelli formati da frammenti di ghiaccio di diverse dimensioni che si muovono ad una velocità di 48.000 km/h.
La maggior parte sono più piccole di granelli di sabbia e formano una nuvola di particelle a forma di cintura illuminata dalla luce solare. Ci sono anche frammenti delle dimensioni di un camion o di una casa.

IL SISTEMA SOLARE, IL SOLE E I PIANETI

Ci sono 4 fasce di anello principali: A, B, C e D.
Gli anelli misurano tra i 100 metri e i 400.000 chilometri di larghezza, una distanza maggiore di quella tra la Terra e la Luna.

- Entrata della sonda Cassini nell'orbita di Saturno.
- Titano e Saturno.

Questi anelli sono separati gli uni dagli altri da grandi distanze. Sono comparsi 100 milioni di anni fa, quando i dinosauri abitavano la Terra. Un'enorme cometa entrò in collisione con l'atmosfera di Saturno e si disintegrò in milioni di particelle di ghiaccio. Altri scienziati ritengono che si siano formati dalla collisione di due delle loro lune ghiacciate.

-Saturno ha 143 **satelliti**, di cui 61 hanno un diametro maggiore di 20 km e 7 hanno un diametro maggiore di 350 km.
Il gigantesco Titano con i suoi oceani sotterranei e i suoi geyser; così

IL SISTEMA SOLARE, IL SOLE E I PIANETI

come Encelado e la sua atmosfera di metano.
Huygens scoprì anche il satellite Titano.

Le più grandi lune di Saturno, comprese quelle scoperte da Galileo

TITANO

È il più grande satellite di Saturno; Con un diametro di 5.100 km, è quasi il doppio di Mercurio. Si trova a 9,5 unità astronomiche dal Sole. È un pianeta roccioso con una superficie ghiacciata e un debole campo magnetico.
Sulla sua superficie si trovano vaste pianure, montagne alte meno di 2.000 metri, nonché dune di sabbia marrone alte 150 metri e lunghe 1.500 chilometri.
Ci sono fiumi lunghi fino a 400 metri e ai poli laghi pieni di metano liquido. L'attività vulcanica è molto intensa.
Sotto la sua superficie, a 100 chilometri di profondità, si trova un oceano sotterraneo di acqua e ammoniaca liquida.

Le riserve di idrocarburi di questo pianeta sono migliaia di volte maggiori di quelle della Terra.

IL SISTEMA SOLARE, IL SOLE E I PIANETI

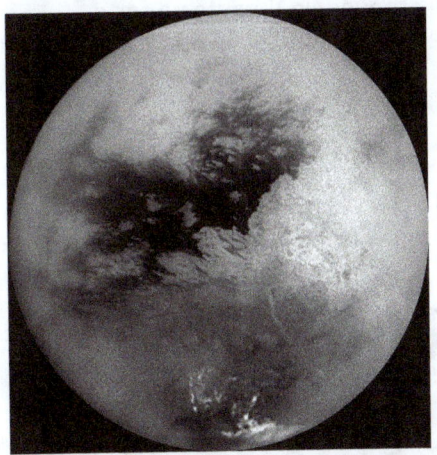

- **L'atmosfera** densa è composta per il 90% da azoto e per il 5% da metano, con una pressione 1,5 volte maggiore di quella terrestre.
- **I venti** raggiungono velocità fino a 180 km/h.
Le nuvole raggiungono altezze fino a 25 km, anche se alcune possono raggiungere altezze fino a 100 km.
- Su Titano **piovono** fino a 50 litri per metro quadrato all'anno di metano liquido, che sulla Terra è un gas.

Quando si asciuga a terra, forma uno strato di catrame.

Sonda Huygens

La maggior parte delle precipitazioni di metano evapora prima di raggiungere il suolo.
Su Titano un giorno dura 16 giorni terrestri, lo stesso tempo di
È necessario compiere una rivoluzione completa attorno a Saturno.
La luce solare che raggiunge Titano è 1.000 volte inferiore

raggiunge la Terra, ed è simile al crepuscolo durante un forte temporale, pertanto, la sua temperatura superficiale non supera i -180 gradi Celsius.

REA

È il secondo satellite più grande di Saturno, dopo Titano, con un diametro di oltre 1.500 km, grande la metà della Luna.
Fu scoperto nel 1670 dall'astronomo **Giovanni Cassini** e prese il nome da Rea, **moglie di Saturno/Crono.**

Ci vogliono solo quattro giorni per completare un'orbita completa attorno a Saturno, anche se la sua orbita è molto lontana dal pianeta. È fatto di roccia e ghiaccio. La sua superficie è ricoperta di crateri.

Ha un'atmosfera molto leggera di anidride carbonica e ossigeno.
La temperatura raggiunge i -220 gradi Celsius.

GIAPETO

Per le sue dimensioni è il terzo satellite di Saturno dopo Rea e Titano.
Prende il nome da uno dei **titani della mitologia**
da **Giovanni Cassini** nel 1671. Occorrono 79 giorni per compiere una rivoluzione completa attorno a Saturno (moto traslatorio).

ENCELADO

Con un diametro di poco più di 500 km, è il sesto satellite più grande di Saturno. Fu scoperto da **William Herschel** nel 1789.
È un pianeta roccioso la cui superficie è ricoperta di ghiaccio.
Ospita centinaia di **geyser** lunghi più di 100 chilometri che emettono vapore acqueo, cristalli di sale e ghiaccio.
Parte dell'acqua che espellono si congela rapidamente e cade a terra. sotto forma di neve. Un'altra parte viene attratta dalla gravità di Saturno, aggiungendo materiale al suo anello esterno.

IL SISTEMA SOLARE, IL SOLE E I PIANETI

Sotto la sua superficie ghiacciata, a circa 40 chilometri di profondità, si trova un **oceano di acqua salata** che deve essere ad alta temperatura a causa dell'attività geotermica del satellite; ciò presuppone condizioni ideali per la vita.

Ruota rapidamente attorno a Saturno nell'anello più esterno del pianeta, nella sua regione più stretta, e impiega 32 ore per completare una rivoluzione (movimento traslatorio).

Presenta sempre la stessa faccia a Saturno, proprio come la nostra Luna fa alla Terra.

Il **Polo Sud** è circondato da **nubi di vapore acqueo** contenenti piccole quantità di azoto e anidride carbonica.

IL SISTEMA SOLARE, IL SOLE E I PIANETI

FEBE
È un satellite di Saturno la cui massa è dovuta alla gravità Non basta dargli una forma rotonda, poiché il suo diametro è di 220 km.

Una giornata a Phoebe dura 9 ore. Ci vogliono 550 giorni per compiere una rivoluzione completa attorno a Saturno, che avviene nella direzione opposta al resto.

È fatto di ghiaccio e roccia. La sua superficie è piena di crateri causati dagli impatti di asteroidi.
La temperatura è di -163 gradi Celsius.

Si ritiene che sia arrivato da oltre Plutone, viaggiando attraverso lo spazio finché non fu intrappolato dal campo gravitazionale di Saturno.

URANO
Più lontano dal Sole di Saturno, Urano è il settimo pianeta del sistema solare e il terzo per grandezza dopo Giove e Saturno. È 63 volte più grande della Terra.
Urano è il padre di Saturno/Crono e il nonno di Giove/Zeus.
Fu scoperto da **William Herschel** nel 1781.
La radiazione solare è 400 volte inferiore a quella che raggiunge la Terra.
La giornata dura 17 ore terrestri (rotazione). Urano impiega 84 anni

per orbitare attorno al sole.
Il suo strano asse di rotazione fa sì che i poli del pianeta si trovino dove si trova l'equatore terrestre. Questo significa che i poli hanno cicli di oltre 40 anni di luce e altri 40 anni di oscurità totale.
Ha un campo magnetico, anelli più deboli di quelli di Saturno e numerosi satelliti.

-Non ha una superficie solida. **L'atmosfera** è composta principalmente da idrogeno, più elio e metano, che si combinano con strati liquidi inferiori, formati da una miscela di acqua e ammoniaca, e vengono compressi utilizzando una pressione molto elevata.

Dimensioni comparative tra Urano e Terra

-**Le temperature** raggiungono i -200 gradi Celsius.
-**I venti** su Urano possono raggiungere gli 820 km/h.

Urano ha un sistema di anelli costituito da microscopici pezzi di ghiaccio, sebbene alcuni siano lunghi fino a 1 metro, simile al sistema di anelli di Saturno.

Urano ha 27 **satelliti** i cui nomi derivano da personaggi delle opere di **William Shakespeare.**
-Ha **cinque satelliti principali:** Titania, Miranda, Oberon, Ariel e Umbriel. La più piccola è Miranda con 470 chilometri, e la più grande è Titania con 1578 chilometri.

Urano e i suoi principali satelliti

-A causa della **grande inclinazione dell'asse di rotazione** di Urano, che fa sì che uno dei suoi poli sia sempre rivolto verso il Sole, mentre i suoi satelliti ruotano attorno all'equatore di Urano, i poli dei satelliti sperimentano anche 42 anni di oscurità e altri 42 anni di luce ininterrotta .
Tutti i satelliti sono fatti di roccia e ghiaccio, tranne Miranda, che è fatto di ghiaccio e anidride carbonica.

TITANIA

È il più grande dei satelliti di Urano. Fu scoperto da **William Herschel** nel 1787. Prende il nome dalla **regina delle fate** (Sogno di una notte di mezza estate di William Shakespeare).
La sua **atmosfera** è povera di anidride carbonica, simile a quella di Callisso e molto più leggera di quella di Plutone.
Il suo interno è roccioso e la sua superficie è ricoperta di ghiaccio, sotto il quale si trova probabilmente un oceano di acqua liquida che raggiunge una profondità di 190 km.

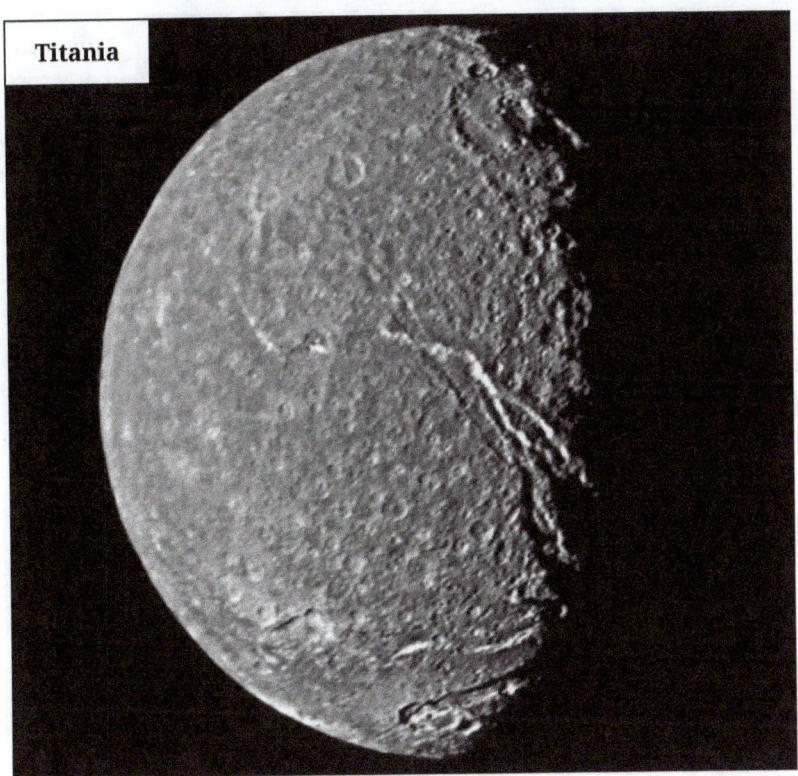

Un giorno su Titania equivale a 8 giorni sulla Terra. Il satellite mostra a Urano sempre la stessa faccia, proprio come la nostra Luna mostra alla Terra.
Puoi vedere molti crateri, canyon e pianure.

MIRANDA
Con un diametro di 470 km, è il più piccolo dei grandi satelliti di Urano. Fu scoperta nel 1948 e prese il nome dalla **figlia del mago Prospero** (La Tempesta di William Shakespeare).
Il suo interno è roccioso con bolle di metano. La sua superficie è attraversata da anfratti e ricoperta di acqua ghiacciata (sappi che anche altri elementi chimici, come l'anidride carbonica, congelano).

IL SISTEMA SOLARE, IL SOLE E I PIANETI

Miranda

OBERON

È la seconda luna più grande dopo Titania e la più distante tra le lune principali di Urano.
Fu scoperto nel 1787 e prese il nome da Oberon, **il re delle fate** (Sogno di una notte di mezza estate di William Shakespeare).
Un giorno a Oberon equivale a quasi 14 giorni terrestri.
Il satellite mostra a Nettuno sempre la stessa faccia, proprio come la nostra Luna mostra alla Terra, motivo per cui

occorrono anche 14 giorni per compiere una rivoluzione completa attorno a Urano.
È costituito da rocce e ghiaccio e può contenere acqua liquida.
La sua superficie è completamente ricoperta di crateri creati dall' impatto dei meteoriti sulla sua superficie, alcuni dei quali misurano più di 200 km. Ci sono anche gole profonde.
Alcune aree sono molto buie, poiché gli impatti dei meteoriti rompono la calotta glaciale ed espongono l'interno roccioso di Oberon.

NETTUNO

È il pianeta più lontano dal Sole. Deve il suo nome a **Nettuno/ Poseidone, il dio del mare.** È 17 volte più grande della Terra. L'alterazione delle orbite di Urano e Saturno portò i matematici a credere che al di là dovesse esserci un altro oggetto da quello localizzato da **Galle** nel 1846.

Confronto tra le dimensioni della Terra e quelle di Nettuno

-**L'atmosfera** è costituita da nubi di idrogeno, elio e metano.
I cristalli di metano si trasformano in diamanti che cadono sotto forma di pioggia.

IL SISTEMA SOLARE, IL SOLE E I PIANETI

•Sotto queste nuvole e senza una separazione chiaramente definita c'è un **oceano di acqua** e ammoniaca, caricata elettricamente, con temperature che superano i 4.500 gradi Celsius.
•Nella parte più profonda del pianeta si trova un **nucleo di roccia fusa**.
-La temperatura della superficie del pianeta è -218 gradi Celsius.
-La velocità del vento raggiunge i 2.200 km/h, la velocità più alta conosciuta.
-Nettuno ha 17 **satelliti**. Il più grande è Tritone, dove sono stati osservati geyser ghiacciati di azoto e le temperature più basse del sistema solare: -235 gradi Celsius.
Il suo sistema di anelli è simile a quello di Giove.

TRITONE

È il più grande satellite di Nettuno. Fu scoperto da William Lassell nel 1846 e prese il nome dal **figlio di Nettuno/Poseidone, il dio del mare.**

-**La sua atmosfera** è quasi inesistente. Sulla sua superficie la temperatura raggiunge i -235 gradi Celsius, la più bassa del sistema solare.
Il **movimento rotatorio** di Tritone è nella direzione opposta a quella di Nettuno (orbita retrograda), quindi si ritiene che abbia avuto origine nella fascia di Kuiper e sia stato catturato dall'attrazione gravitazionale di Nettuno.
-L'insolita **inclinazione dell'asse di rotazione** fa sì che i poli occupino la zona equatoriale, come nel caso di Urano. Le stagioni durano 82 anni terrestri.
Tritone orbita attorno a Nettuno in un'orbita quasi circolare.
-L'interno è roccioso e la superficie dei poli è costituita da azoto e metano congelati.
•Ci sono vulcani che emettono azoto liquido e metano a diversi chilometri di altezza.
-**La gravità** avvicina Tritone a Nettuno e accelera la sua rotazione finché Tritone non si avvicina così tanto da collassare, formando un anello gigante attorno a Nettuno.

NEREIDE
Il satellite fu scoperto nel 1949 e prese il nome in onore delle Nereidi, **ninfe che accompagnano Nettuno, il dio del mare.**

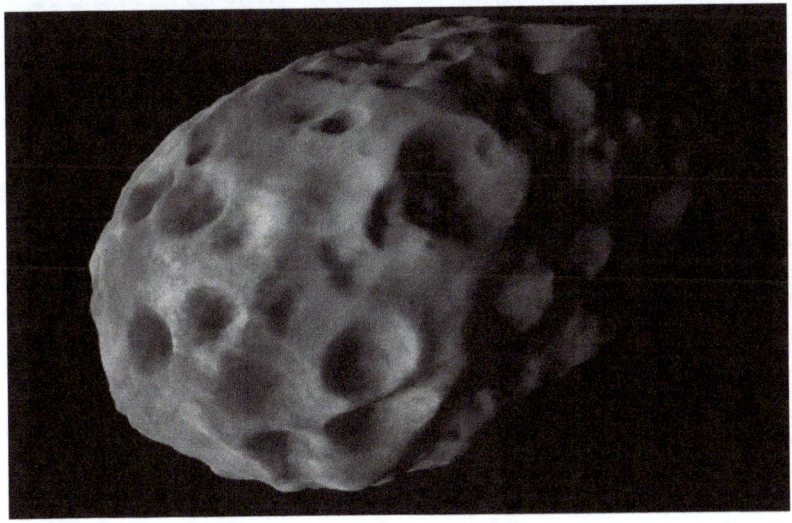

IL SISTEMA SOLARE, IL SOLE E I PIANETI

Ha un diametro di 360 km e la sua superficie è ricoperta di ghiaccio. Una giornata a Néréide dura 11 ore.
-**L'orbita** attorno a Nettuno è estremamente allungata.
Il suo punto più vicino al pianeta è a 1,3 milioni di chilometri e il suo punto più lontano da Nettuno è a quasi 10 milioni di chilometri.

Dimensioni comparative di tutti i pianeti gassosi

PLUTONE

Fu scoperto da **Clyde Tombaugh** nel 1930 e prese il nome da **Plutone/Ade, il dio degli Inferi.**
Plutone si trova nella Fascia di Kuiper, una regione tra le 30 e le 50 unità astronomiche dal Sole.

Montagne Norgay-Hillary, coperte di ghiaccio

IL SISTEMA SOLARE, IL SOLE E I PIANETI

Ci vogliono 248 anni per completare una rivoluzione attorno al sole.
Per 20 anni l'orbita di Plutone interseca l'orbita di Nettuno, ma a causa della sua inclinazione non vi è alcuna possibilità di collisione.
Un giorno su Plutone equivale a 6 giorni sulla Terra. L'inclinazione del suo asse di rotazione fa sì che l'equatore del pianeta si trovi ai suoi due poli, proprio come Urano.
Su Plutone la luminosità del sole è 1.000 volte inferiore a quella della Terra e ricorda una notte di luna piena.
La sua **atmosfera** di azoto, anidride carbonica e metano è molto sottile. Sulla sua superficie sono presenti metano e idrogeno congelati.

IL SISTEMA SOLARE, IL SOLE E I PIANETI

Dimensioni di Ganimede, Titano, Callisto, Io, Luna, Europa, Tritone e

Ha 5 **satelliti**: Caronte, scoperto nel 1978, di dimensioni simili a Plutone ma con massa molto inferiore; Notte, Idra, Cerbero e Stige.

CARONTE

È il più grande satellite di Plutone ed è stato scoperto da **James W. Christy** nel 1978. Prende il nome da Caronte, un **barcaiolo incaricato di trasportare le anime dei morti negli Inferi.**
Ha un diametro di 1.200 chilometri e dista 19.000 chilometri da Plutone, 20 volte più vicino di quanto lo sia la Luna alla Terra.
Caronte mostra sempre lo stesso volto a Plutone, proprio come la Luna della Terra.
Il suo interno è fatto di roccia e ghiaccio, e la sua superficie è ricoperta di acqua ghiacciata e non ha atmosfera.
La **temperatura** varia fino a -258 gradi Celsius.
Caronte non orbita attorno a Plutone come un satellite, ma a Plutone e Caronte Orbitano attorno a un punto gravitazionale comune (doppio sistema planetario).

IL SISTEMA SOLARE, IL SOLE E I PIANETI

Caronte

Satelliti più piccoli
- **Notte** e **Idra** sono state scoperte nel 2005. Nyx è la madre di Caronte, la dea dell'oscurità, ed è lunga 55 km. Idra è il serpente che custodiva gli inferi, è lungo 42 chilometri.
- **Cerbero** è stato scoperto nel 2011 ed è lungo 30 km. Cane a tre teste che veglia anche sugli inferi ed è il fratello di Idra.
- La **Stige** è stata scoperta nel 2012 ed è lunga 20 km.

IL SISTEMA SOLARE, IL SOLE E I PIANETI

Caronte e Plutone

IL SISTEMA SOLARE, IL SOLE E I PIANETI

PIANETI NANI OLTRE PLUTONE

-Nel 2002 e nel 2003 furono scoperti Quaoar e Sedna, il cui diametro è la metà di quello di Plutone.

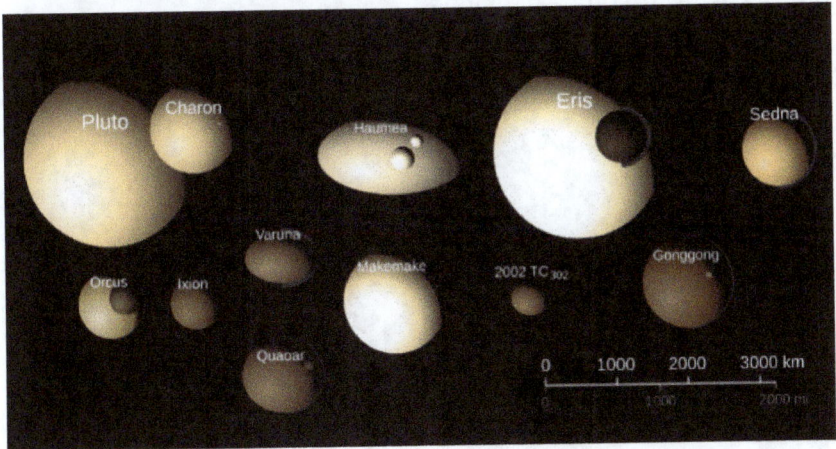

QUAOAR

Candidato pianeta nano situato nella lontana **fascia di Kuiper** ai margini del sistema solare. È stato scoperto nel 2002 dall'Osservatorio del Monte Palomar.
Deve il suo nome a un dio **dei primi abitanti del Nord America**, ha un diametro di 1.100 km, è grande la metà di Plutone e presenta un sistema di due anelli formati da frammenti di ghiaccio larghi fino a 300 km. La sua superficie è ricoperta di ghiaccio.
Intorno ad esso ruota un **satellite** chiamato **Weywot**.

SEDNA

Situato nella **nube di Oort**, tra 76 e 960 unità astronomiche dal Sole, circa 32 volte più lontano di Nettuno.
È stato scoperto nel 2003 dall'Osservatorio di Monte Palomar negli Stati Uniti. Prende il nome dalla **dea eschimese del mare.**
Il suo diametro è di 1600 km. Una giornata a Sedna dura 10 ore.
Ci vogliono 11.400 anni per orbitare attorno al sole. Ci vorrebbe quasi

25 anni perché una sonda spaziale raggiunga questo obiettivo.
La sua superficie è costituita da ghiaccio di carbonio, metano e azoto congelato.
-Pertanto, le **temperature** sono inferiori a -230 gradi Celsius.
-Si ritiene che il **metano** non evapori o non cada sotto forma di neve, come avviene su Tritone e Plutone.

Sedna

HAUMEA

Pianeta nano ellittico nella **fascia di Kuiper.** È stato scoperto nel 2003 e prende il nome dalla **dea hawaiana della fertilità.** È grande 1/3 di Plutone, ha un diametro di circa 1.400 km ed è circondato da anelli.

Si trova a 35 unità astronomiche dal Sole. Ruota sul proprio asse in 4 ore e impiega 283 anni per compiere una rivoluzione completa attorno al sole.
È un pianeta roccioso la cui superficie è ricoperta di ghiaccio.
Non dovrebbe esserci atmosfera.

-Ha due **satelliti**, il più grande, chiamato **Hi'iaka** in onore della dea hawaiana della medicina, è il più lontano, si trova a 50.000 km, ha 300 km di diametro e impiega 49 giorni per orbitare attorno al pianeta.
La più giovane si chiama **Namaka**, dal nome della dea hawaiana del mare.

IL SISTEMA SOLARE, IL SOLE E I PIANETI

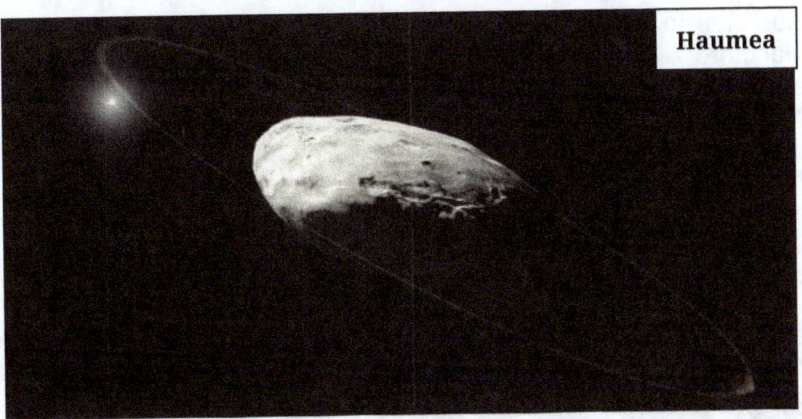

Haumea

ORCO
È stato scoperto nel 2003. Ha un diametro di 1600 km.
Ha un **satellite** chiamato **Vanth**.

Confronto delle dimensioni di Orco, della Luna e della Terra

ERIS
È il più grande pianeta nano transnettuniano e, con un diametro di 2.300 km, il secondo più grande dopo Plutone.
È stato scoperto nel 2005 dall'Osservatorio di Monte Palomar nel Stati Uniti d'America.
Prende il nome dalla **dea della discordia, che scatenò la guerra di**

IL SISTEMA SOLARE, IL SOLE E I PIANETI

Troia.
Il suo interno è roccioso e la sua superficie è costituita da metano ghiacciato.
La sua orbita attorno al Sole è tre volte più lunga di quella di Plutone.
-Ci vogliono 557 anni per orbitare attorno al sole, che è tra 35 e 95 unità astronomiche.
-**Plutone** orbita attorno al Sole a una distanza compresa tra 29 e 49 unità astronomiche.
-**Nettuno** orbita attorno al Sole a 30 unità astronomiche.
Ha un **satellite** chiamato **Dysnomia**, la dea delle azioni ingiuste.

MAKEMAKE

Pianeta nano della **Fascia di Kuiper**. L'arrivo di una sonda spaziale richiederebbe 16 anni. È stato scoperto nel 2005. Prende il nome da una **divinità dell'Isola di Pasqua.**
La sua dimensione è di 1450 km di diametro, pari al 60% delle dimensioni di Plutone.
La sua superficie è ricoperta di ghiaccio, azoto e metano congelato.
•Ci vogliono 308 anni per fare una rivoluzione completa attorno al sole.
Si ritiene che abbia una leggera **atmosfera** di azoto e metano.
Il **satellite** è a 21.000 chilometri di distanza, ha un diametro di 175 chilometri e impiega 12 giorni per orbitare attorno a Makemake.

GONGGONG

È stato scoperto nel 2007 dall'Osservatorio del Monte Palomar e prende il nome dal **dio cinese del mare.**
Misura 1.200 chilometri di diametro e ha un **satellite** chiamato **Xiangliu.**

IL SISTEMA SOLARE, IL SOLE E I PIANETI

•Ci vogliono 553 anni per fare una rivoluzione completa attorno al sole. Si ritiene che la sua superficie sia ricoperta di ghiaccio d'acqua e forse di metano congelato.

IL SISTEMA SOLARE, IL SOLE E I PIANETI

Copyright2024.Il Sistema Solare, Il Sole e I Pianeti.Publising by Baltasar Rodríguez Oteros at Kindle.

Grazie

-https://upload.wikimedia.org/wikipedia/commons/c/c5/Released_to_Public_Voyager_Montage_by_NASA_(NASA)_(291707648).jpg Released to Public: Voyager Montage by NASA (NASA) Author pingnews.com
https://upload.wikimedia.org/wikipedia/commons/thumb/1/15/Mars_-_8k_Render_(32907950425).jpg/1024px-Mars_-_8k_Render_(32907950425).jpgMars -8k Render Author Kevin M. Gill Flickr set Hourly Cosmoshttps://es.m.wikipedia.org/wiki/Archivo:MarsSunsetCut.jpgNASA's Mars Exploration Rover: Spirit [1] Autor NASA
https://upload.wikimedia.org/wikipedia/commons/3/31/Sizes_of_Solar_System_objects_to_scale.png23 January 2024 Source Own work Author RedKire25
https://upload.wikimedia.org/wikipedia/commons/thumb/5/51 High_School_Earth_Science_Cover.jpg/http://cafreetextbooks.ck12.org/science/ CK12_Earth_Science.pdf
If the above link no longer works, visit http://www.ck12.org and lookfor the CK-12 Earth Science book.Author CK-12 Foundation
https://upload.wikimedia.org/wikipedia/commons/thumb/2/20/Nh-pluto-charon-v2-10-1-15_1600.jpg/NASA Solar System Exploration Author NASA's New Horizons spacecraft
https://commons.m.wikimedia.org/wiki/File:Solar_sys.jpghttps://photojournal.jpl.nasa.gov/catalog/PIA11800Author NASA/JPL graphic artists and contractors to NASA's Jet Propulsion Laboratory.
https://upload.wikimedia.org/wikipedia/commons/7/7e/Solar_system_Painting.jpg Harman Smith and Laura Generosa (nee Berwin), graphic artists and contractors to NASA's Jet Propulsion Laboratory.
https://upload.wikimedia.org/wikipedia/commons/thumb/d/de/The_Solar_System_(37307579045).jpg/The Solar System Author Kevin Gill from Los Angeles, CA, United States
https://upload.wikimedia.org/wikipedia/commons/thumb/f/f0/2006-16-d-print2.jpg/1078px-2006-16-d-print2.jpg Source Page:http://hubblesite.org/newscenter/newsdeskarchive/ releases/2006/16/image/dAuthor A. Feild(SpaceTelescope Science Institute)From http://hubblesite.org/copyright/ copyright@stsci.edu.
https://upload.wikimedia.org/wikipedia/commons/thumb/a/af/NASA_Heliosphere_Mod.jpg/NASA/JPL-Caltech.Author JudithNabb
https://upload.wikimedia.org/wikipedia/commons/thumb/b/b7/Asteroid_Bennu's_Journey%2C_the_formation_of_our_Solar_system_and_the_early_Earth_(NASA_video).webm/.jpg NASA | Asteroid Bennu's Journey –View/savearchivedversions on archive.org and archive today Author NASA Goddard
https://upload.wikimedia.org/wikipedia/commons/thumb/0/0b/BENNU'S_JOURNEY_-_Early_Earth.jpg/Flickr Author NASA's Goddard Space Flight Center
https://upload.wikimedia.org/wikipedia/commons/thumb/8/81/Solar_System_Diagram_-_Feb._2019_(46327506074).jpgStephenposted to Flickr by splinx1 at https://flickr.comphotos/ 42837737@N05/46327506074
https://upload.wikimedia.org/wikipedia/commons/thumb/6/68/Artist's_conception_of_Sedna.jpg NASA/JPL-Caltech/R. Hurt(SSC-Caltech)
https://upload.wikimedia.org/wikipedia/commons/thumb/3/38/Haumea_with_rings_(37641832331).jpg/ Kevin Gill from Los Angeles,CA,UnitedStateshttps://flickr.com/photos/53460575@N03/37641832331
https://upload.wikimedia.org/wikipedia/commons/thumb/b/bc/Artist's_concept_of_the_Solar_System_as_viewed_from_Sedna.jpg/http://hubblesite.org/newscenter/archive/releases/2004/14/image/f/formatlarge_web/Author NASA,ESA and Adolf Schaller
https://upload.wikimedia.org/wikipedia/commons/thumb/2/21/10_Largest_Trans-Neptunian_objects_(TNOS).png/Lexicon(Commons 3.0),Exoplanet Expert (Commons 4.0),SpaceDude777
-https://upload.wikimedia.org/wikipedia/commons/thumb/c/c7/Saturn_during_Equinox.jpg/http://www.ciclops.org/view/5155/Saturn-Four-Years-On http://www.nasa.gov/images/content/365640main_PIA11141_full.jpg
http://photojournal.jpl.nasa.gov/catalog/PIA11141 Autor NASA / JPL / Space Science Institute
-https://upload.wikimedia.org/wikipedia/commons/thumb/9/97The_Earth_seen_from_Apollo_17.jpg/NASA/Apollo 17 crew; taken by either Harrison Schmitt or RonEvans
-https://upload.wikimedia.org/wikipedia/commons/thumb/0/01/Phase-180.jpg/Jay Tanner
-https://upload.wikimedia.org/wikipedia/commons/thumb/d/df/Full_moon_partially_obscured_by_atmosphere.jpg http://spaceflight.nasa.gov/gallery/images/shuttle/sts-103/html/s103e5037.html Autor NASA
-https://upload.wikimedia.org/wikipedia/commons/thumb/4/44 Kilauea_Volcanic_Eruption_Big_Island_Hawaii_2018_(31212271237).jpg/Author Anthony Quintano from Mount Laurel, United States
-https://upload.wikimedia.org/wikipedia/commons/thumb/8/89/Comet_C-1995_O1_Hale-Bopp%2C_on_March_14%2C_1997_(cropped).jpg/Author ignoto - Credit: ESO/E. Slawik
-https://upload.wikimedia.org/wikipedia/commons/thumb/8/86/Montagem_Sistema_Solar.jpg/NASA
-https://upload.wikimedia.org/wikipedia/commons/thumb/3/3b/Portrait_of_Sir_Isaac_Newton%2C_1689.jpg/https://exhibitions.lib.cam.ac.uk/linesofthought/artifacts/newton-by-kneller
-https://upload.wikimedia.org/wikipedia/commons/thumb/d/d8/NASA_Mars_Rover.jpg/1280px-NASA_Mars_Rover.jpgNASA/JPL/Cornell University, Maas Digital LLC
https://upload.wikimedia.org/wikipedia/commons/thumb/6/68/Schiaparelli_Hemisphere_Enhanced.jpg
https://astrogeology.usgs.gov/search/details/Mars/Viking/schiaparelli_enhanced/tif Autor USGS
https://upload.wikimedia.org/wikipedia/commons/thumb/f/f6/May_28%2C_2013_Bennington%2C_Kansas_tornado.jpeg/Dustin Goble (Submitted to National Weather Service)
https://upload.wikimedia.org/wikipedia/commons/thumb/1/12/Oidipous_sphinx_MGEt_16541_reconstitution.svg/Juan José Moral.
https://upload.wikimedia.org/wikipedia/commons/thumb/b/b4/The_Sun_by_the_Atmospheric_Imaging_Assembly_of_NASA's_Solar_Dynamics_Observatory_-_20100819.jpg/NASA/SDO (AIA)
https://upload.wikimedia.org/wikipedia/commons/thumb/0/02/SolarSystem_OrdersOfMagnitude_Sun-Jupiter-Earth-Moon.jpg/Tdada memd
https://upload.wikimedia.org/wikipedia/commons/thumb/f/f3/Orion_Nebula_-_Hubble_2006_mosaic_18000.jpg/NASA, ESA, M. Robberto (Space Telescope Science Institute/ESA) and the Hubble Space Telescope Orion Treasury Project Team
https://upload.wikimedia.org/wikipedia/commons/thumb/6/63/Messier_81_HST.jpg/NASA, ESA and the Hubble Heritage Team (STScI/AURA)
https://upload.wikimedia.org/wikipedia/commons/a/ae/EastHanSeismograph.JPGen:user: Kowloonese
https://es.m.wikipedia.org/wiki/Archivo:TakakkawFalls2.jpg Michael Rogers (Mjrogers50 de Wikipedia en inglés)
https://upload.wikimedia.org/wikipedia/commons/thumb/8/85/Venus_globe.jpg/photojournal.jpl.nasa.gov/catalog/PIA00104Autor NASA/JPL
https://upload.wikimedia.org/wikipedia/commons/thumb/7/7c/Terrestrial_planet_sizes2.jpg/NASA/JHUAPLVenus image:NASA/Johns Hopkins University
Applied Physics Laboratory/Carnegie Institution of Washington Earth image: NASA/Apollo 17 crew, retouch by User:Aaron1a12
https://upload.wikimedia.org/wikipedia/commons/thumb/7/71/PIA22946-Jupiter-RedSpot-JunoSpacecraft-20190212.jpg/NASA/JPL-Caltech/SwRI/MSSS/Kevin M. Gill
https://upload.wikimedia.org/wikipedia/commons/thumb/9/95/Uranus%2C_Earth_size_comparison_2.jpg/NASA (image modified by Jcpag2012)
https://upload.wikimedia.org/wikipedia/commons/thumb/2/2f/Neptune%2C_Earth_size_comparison_true_color.jpg/CactiStaccingCrane
https://www.missionjuno.swri.edu/junocam/processing? id=13844 Autor NASA/JPL-Caltech/SwRI/MSSS/Kevin M. Gill
https://upload.wikimedia.org/wikipedia/commons/thumb/2/21/Ganymede_-_Perijove_34_Composite.png/2048px-Ganymede_-_Perijove_34_Composite.png Kevin M. Gill https://flickr.com/photos/53460575@N03/51238659798 Ganymede -Perijove 34 CompositeAutor

IL SISTEMA SOLARE, IL SOLE E I PIANETI

NASA/JPL-Caltech/SwRI/MSSS/Kevin M.Gill
https://upload.wikimedia.org/wikipedia/commons/thumb/0/0e/Moon_and_Asteroids_1_to_10.svg/Vystrix Nexoth
https://upload.wikimedia.org/wikipedia/commons/thumb/b/ba/Dawn_Flight_Configuration_2.jpg/jpghttp://dawn.jpl.nasa.gov/multim edia/spacecraft.asp GDKDawn spacecraft Source:http://dawn.jpl.nasa.gov/multimedia/spacecraft.asp PD-NASA
https://upload.wikimedia.org/wikipedia/commons/thumb/7/7b/Io_highest_resolution_true_color.jpg/NASA /JPL /University of Arizona
https://upload.wikimedia.org/wikipedia/commons/thumb/0/06/Titan_in_front_of_the_ring_and_Saturn.jpg/http://photojournal.jpl.nas a.gov/catalog/PIA14922 Author Produced By Cassini Credit:NASA/JPL-Caltech/Space Science Institute
https://upload.wikimedia.org/wikipedia/commons/thumb/2/25/Titan_globe.jpg/NASA/JPL/Space Science Institute Permissionjpl.nasa.gov
https://upload.wikimedia.org/wikipedia/commons/thumb/b/b2/Cassini_Saturn_Orbit_Insertion.jpg/Autor NASA/JPL
https://upload.wikimedia.org/wikipedia/commons/thumb/4/46/Gas_planet_size_comparisons.jpg
http://solarsystem.nasa.gov/multimedia/display.cfm?IM_ID=180Author Solar System Exploration, NASA
https://upload.wikimedia.org/wikipedia/commons/7/7d/PIA01482_Saturn_Montage.jpg JPL image PIA01482 Author NASA
https://upload.wikimedia.org/wikipedia/commons/thumb/d/d4/Justus_Sustermans_-_Portrait_of_Galileo_Galilei%2C_1636.jpg/identifi cador Art UK de unaobra de arte: galileo-galilei-15641642-175709 fotógrafo https://www.rmg.co.uk/collections/objects/rmgc-Dmitry Rozhkov object-14171
https://upload.wikimedia.org/wikipedia/commons/thumb/3/30/Mercury_in_color_-_Prockter07_centered.jpg/NASA/JPLAutor NASA /Johns Hopkins University Applied Physics Laboratory /Carnegie Institution of Washington.Prockter07.jpg by Papa Lima Whiskey .
https://upload.wikimedia.org/wikipedia/commons/5/58/Ceres_-_RC3_-_Haulani_Crater_(22381131691).jpgCeres -RC3 -Haulani Crater Autor Justin Cowart
https://upload.wikimedia.org/wikipedia/commons/thumb/4/41/Sol454_Marte_spirit.jpg/http://marsrovers.jpl.nasa.gov/gallery/press/ spirit/20050420a.html Autor NASA/JPL
https://upload.wikimedia.org/wikipedia/commons/thumb/f/f5/007_Jack's_4_O'clock_EVA-1_LM_Pan_Hi_Res.jpg/NASA/Gene Cernan/Jack Schmitt
https://upload.wikimedia.org/wikipedia/commons/thumb/8/8e/Duke_on_the_Descartes_-_GPN-2000-001123.jpg/Author NASA John Young
https://upload.wikimedia.org/wikipedia/commons/thumb/e/e4/Water_ice_clouds_hanging_above_Tharsis_PIA02653_black_backgrou nd.jpg/http://www.jpl.nasa.gov/spaceimages/details.php?id=PIA02653 Author NASA/JPL/MSSS
https://upload.wikimedia.org/wikipedia/commons/thumb/c/cb/7505_mars-curiosity-rover-gale-crater-beauty-shot-pia19839-full2.jpg/ https://mars.nasa.gov/resources/7505/Author Jim Secosky picked out a NASA JPL-Caltech
https://commons.m.wikimedia.org/wiki/File:Lspn_comet_halley.jpg NASA/W.Liller
https://upload.wikimedia.org/wikipedia/commons/thumb/0/0c/360°_View-_Very_Well-Preserved_9-Kilometer_Diameter_Impact_Crate r_(33432247000).jpg/https://flickr.com/photos/53460575@N03/33432247000Author Kevin M. Gill Flickr set Hourly Cosmos Flickr
https://upload.wikimedia.org/wikipedia/commons/thumb/f/f9/Ceres_and_Vesta%2C_Moon_size_comparison.jpg/Gregory H. Revera Ceres image: Justin Cowart Vesta image: NASA/JPL-Caltech
https://upload.wikimedia.org/wikipedia/commons/thumb/f/f9/Sar2667_as_it_entered_Earth's_atmosphere_over_the_north_of_France. jpg/Wokeable
https://upload.wikimedia.org/wikipedia/commons/thumb/5/5a/Uranus_moons.jpg/Vzb83
https://upload.wikimedia.org/wikipedia/commons/thumb/e/e1/HAVO_20220213_Milky_Way_over_Kilauea_crater_J.Wei_(518886231 42).jpg/Hawaii Volcanoes National Park
https://upload.wikimedia.org/wikipedia/commons/thumb/3/3b/Catatumbo_Lightning_-_Rayo_del_Catatumbo.jpg/Fernando Flores from Caracas,Venezuela https://flickr.com/photos/44948457 @N07/23691566642
https://es.m.wikipedia.org/wiki/Archivo:Huracan_patricia_23-10.jpghttps://twitter.com/StationCDRKelly/status/65761873949247488 0Autor Scott Kelly
https://es.m.wikipedia.org/wiki/Archivo:PIA17202_-_Approaching_Enceladus.jpg National Aeronautics and Space Administration (NASA) Jet Propulsion Laboratory (JPL)
https://commons.m.wikimedia.org/wiki/File:Callisto_-_May_26_2001_(37113416323).jpg Kevin Gill from Los Angeles, CA, United States Flickr by Kevin M. Gill at https://flickr.com/photos/53460575@N03/37113416323
https://commons.m.wikimedia.org/wiki/File:The_Galilean_Satellites_-_PIA01299.tiffJPLAuthor NASA
https://commons.m.wikimedia.org/wiki/File:PIA00340_Montage_of_Neptune_and_Triton.jpg Author http://photojournal.jpl.nasa.gov/ catalog/PIA00340 Author NASA,JPL
https://upload.wikimedia.org/wikipedia/commons/thumb/e/ef/Pluto_in_True_Color_-_High-Res.jpg/1024px-Pluto_in_True_Color_-_Hig h-Res.jpgNASA/Johns Hopkins University Applied Physics Laboratory/Southwest Research Institute/Alex Parker
https://upload.wikimedia.org/wikipedia/commons/thumb/c/c9/Iapetus_as_seen_by_the_Cassini_probe_-_20071008.jpg/The Other Side of Iapetus Autor NASA / JPL / Space Science Institute
https://upload.wikimedia.org/wikipedia/commons/thumb/2/23/Pluto_compared2.jpg/Composition of NASA images by Eurocommuter.
https://upload.wikimedia.org/wikipedia/commons/thumb/a/a3/PIA19947-NH-Pluto-Norgay-Hillary-Mountains-20150714.jpg/NASA/Jo hns Hopkins University Applied Physics Laboratory
https://upload.wikimedia.org/wikipedia/commons/thumb/2/2e/Charon_in_True_Color_-_High-Res.jpg/NASA/Johns Hopkins University Applied Physics Laboratory/Southwest Research Institute/Alex Parker
https://upload.wikimedia.org/wikipedia/commons/thumb/a/ab/PIA07763_Rhea_full_globe5.jpg/http://photojournal.jpl.nasa.gov/catal og/PIA07763Autor NASA /JPL/Space Science Institute
https://upload.wikimedia.org/wikipedia/commons/thumb/2/21/Ganymede_-_Perijove_34_Composite.png/Ganymede Perijove 34 Autor NASA/JPL-Caltech/SwRI/MSSS/KevinM.Gill
https://upload.wikimedia.org/wikipedia/commons/c/c2/Miranda_mosaic_in_color_-_Voyager_2.png
https://www.flickr.com/photos/1970 38812@N04/53467048107/Autor zelario12
https://upload.wikimedia.org/wikipedia/commons/thumb/b/b1/Uranus_Montage.jpg/http://solarsystem.nasa.gov/multimedia/displa y.cfm?Category=Planets&IM_ID=10767
http://solarsystem.nasa.gov/multimedia/gallery/Uranus_Montage.jpg Author NASA/JPL
https://upload.wikimedia.org/wikipedia/commons/thumb/4/4e/PIA00039_Titania.jpg/http://ciclops.org/view/3651/Titania_-_Highest _Resolution_Voyager_Picture Autor NASA/JPL
https://upload.wikimedia.org/wikipedia/commons/thumb/2/2e/Apollo_15_Lunar_Rover_and_Irwin.jpg/http://www.hq.nasa.gov/alsj/a 15/images15.html Autor NASA/David Scott
https://commons.m.wikimedia.org/wiki/File:Solar_System_true_color.jpgCactiStaccingCrane
https://upload.wikimedia.org/wikipedia/commons/thumb/d/d5/Comet_McNaught_at_Paranal.jpg/jpghttp://www.eso.org/public/imag es/mc_naught34/Author ESO/Sebastian Deiries European Southern Observatory (ESO).
https://upload.wikimedia.org/wikipedia/commons/thumb/d/d7/Terrestrial_planet_sizes_3.jpg/Orbiter Mission (30055660701).png (ISRO / ISSDC /Justin Cowart)Author CactiStaccingCrane
https://upload.wikimedia.org/wikipedia/commons/thumb/6/67/Planet_collage_to_scale_(captioned).jpg/User:MotloAstro(Sun); NASA Author CactiStaccingCrane
https://upload.wikimedia.org/wikipedia/commons/thumb/2/2d/The_Mysterious_Case_of_the_Disappearing_Dust.jpg/NASA/JPL-Calt ech
https://upload.wikimedia.org/wikipedia/commons/thumb/e/e3/Magnificent_CME_Erupts_on_the_Sun_-_August_31.jpg/Flickr : Magnificent CME Erupts on the Sun - August 31Autor NASA Goddard Space Flight Center
https://upload.wikimedia.org/wikipedia/commons/thumb/a/ae/Phoebe_cassini_full.jpg/JPL image PIA06064 Author NASA/ JPL/Space Science Institute
https://upload.wikimedia.org/wikipedia/commons/thumb/3/3a/Mare_Imbrium-AS17-M-2444.jpg
http://nssdc.gsfc.nasa.gov/imgcat/html/object_page/a17_m_2444.html
http://www.lpi.usra.edu/resources/apollo/frame/?AS17-M-2444Autor NASA
https://upload.wikimedia.org/wikipedia/commons/a/a6/Moon_phases_00.jpg Orion 8
https://upload.wikimedia.org/wikipedia/commons/8/81/Artemis_program_hls-ascending.jpg/https://www.nasa.gov/feature/n asa-seeks-input-from-us-industry-on-artemis-lander-development Autor NASA
https://upload.wikimedia.org/wikipedia/commons/3/3e/Deep_Impact_HRI.jpegNASA/JPL-Caltech/UMDhttp://discovery.nasa.gov/im

IL SISTEMA SOLARE, IL SOLE E I PIANETI

ages/67_secs_after_impact.jpg archive copy at the Wayback Machine
https://upload.wikimedia.org/wikipedia/commons/thumb/c/c4/ALH84001.jpg/http://www-curator.jsc.nasa.gov/curator/antmet/marsmets/alh84001/ALH84001,0.htmAutor NASA
https://upload.wikimedia.org/wikipedia/commons/thumb/1/17/PIA22083-Ceres-DwarfPlanet-GravityMapping-20171026.gif/https://photojournal.jpl.nasa.gov/archive/PIA22083.gifAuthor NASA/JPL-Caltech/UCLA/MPS/DLR/IDA
https://es.m.wikipedia.org/wiki/Archivo:Vesta_full_mosaic.jpg View of Vesta Autor NASA/JPL-Caltech/UCAL/MPS/DLR/IDA
https://upload.wikimedia.org/wikipedia/commons/7/72/Iau_dozen.jpg (IAU/NASA) Martin Kornmesser NASA/ESA and the Hubble Heritage Team"
https://upload.wikimedia.org/wikipedia/commons/thumb/8/84/The_Four_Largest_Asteroids_(unlabeled).jpg/Ceres and Vesta images: NASA/JPL-Caltech/UCLA/MPS/ DLR/IDA Pallas image: NASA Hygiea image: Astronomical Institute of the Charles University: JosefDurech, Vojtěch Sidorin Image modified by PlanetUser.
https://upload.wikimedia.org/wikipedia/commons/8/86/The_Four_Largest_Asteroids.jpg Ceres and Vesta images: NASA/JPL-Caltech/UCLA/ MPS/DLR/ IDA Pallas and images: ESO Images compiled by PlanetUser and by kwamikagami
https://upload.wikimedia.org/wikipedia/commons/f/ff/Nereid_-_Simulated_View.jpgPlanetUser
https://upload.wikimedia.org/wikipedia/commons/4/47/Moons_of_Saturn_-_Infographic_(15628203777).jpg/Kevin Gill from Nashua, NH, United States
https://upload.wikimedia.org/wikipedia/commons/thumb/8/82/Enceladus_Cross-section.jpg/https://www.flickr.com/photos/50785054@N03/36403387400/Author NASA-GSFC/SVS,NASA/JPL-Caltech/Southwest Research Institute
https://upload.wikimedia.org/wikipedia/commons/thumb/4/41/Enceladus_(14432622899).jpg/Kevin M.Gill Flickr set Hourly Cosmos
https://upload.wikimedia.org/wikipedia/commons/thumb/4/4d/PIA21913-DwarfPlanetCeres-OccatorCrater-SimulatedPerspective-20171212.jpg/NASA/JPL-Caltech/UCLA/MPS/DLR/IDA Ander weergawes Oblique view of crater
https://upload.wikimedia.org/wikipedia/commons/6/6d/Oberon_in_true_color_by_Kevin_M._Gill.jpghttps://www.flickr.com/photos/kevinmgill/50906003243/Author Kevin M.Gill
https://upload.wikimedia.org/wikipedia/commons/thumb/a/ac/Namibie_Hoba_Meteorite_02.JPG/GIRAUD Patrick
https://upload.wikimedia.org/wikipedia/commons/thumb/a/a4/Burns_cliff.jpg/NASA/JPL/Cornell modified from original by Tablizer at en.wikipedia
https://upload.wikimedia.org/wikipedia/commons/thumb/c/c4/PIA19048_realistic_color_Europa_mosaic_(original).jpg/NASA /Jet PropulsionmLab-Caltech /SETI Institute
https://upload.wikimedia.org/wikipedia/commons/0/0f/Titansurface-2-hi-1-.jpghttp://www.nasa.gov/
https://upload.wikimedia.org/wikipedia/commons/thumb/e/e7/Plutonian_system.jpg/NASA,ESA and G.Bacon (STScI)
https://commons.m.wikimedia.org/wiki/File:Orcus,_Earth_%26_Moon_size_comparison.png Wyattmars
https://upload.wikimedia.org/wikipedia/commons/5/51/Venus_-_September_4_2020_(51748449417).pnghttps://flickr.com/photos/53460575@N03/51748449417 KevinGill from Los Angeles, CA, United States
https://upload.wikimedia.org/wikipedia/commons/5/54/Venus_-_December_23_2016.pnghttps://www.flickr.com/photos/53460575@N03/50513674188/Autor Kevin M. Gill

www.ingramcontent.com/pod-product-compliance
Lightning Source LLC
Chambersburg PA
CBHW072053230526
45479CB00010B/944